# 花生田杂草及其防除

曲明静　杜　龙等　著

中国农业出版社
北　京

# 著　　者


**主　著：** 曲明静　杜　龙

**著　者：** 曲明静　杜　龙　陈剑洪　李　强<br>
白冬梅　高华援　蒋相国　王明辉<br>
谭家壮　时玉娟　李　宁　詹柳琪<br>
李红梅　张　鑫　陈小姝　矫岩林<br>
孙　伟　付　春　王恒智　毕亚玲<br>
白　霜　郭文磊　孙玉豪　赵　冲<br>
赵　健

# 前　言

杂草是经过长期的自然选择而生存下来的适应性和生命力都很强的非人为栽培的植物类群，与农作物病虫害一样，是农业生产中的重要有害生物。我国花生田杂草种类繁多，发生普遍，它们与花生争光、争肥、争水，会直接影响花生的产量和质量。同时，杂草还是很多病虫害的寄主，可以助长病虫害的发生蔓延。花生田草害是指在花生田内与花生共同生长的杂草所造成的花生产量降低、品质下降而带来的损失。花生田草害通常可使花生减产5%～15%，严重达20%～30%，部分田块若不进行杂草防除甚至会导致花生绝收。目前，随着花生种植面积的扩大，花生田杂草的危害在全国范围内呈上升趋势，且在一些新产区和特殊产区，出现了难以防除的恶性杂草和抗性杂草，再加上一些新的种植模式的推广，如带状复合种植，对杂草防控提出了更高的要求。化学除草因高效、经济成为我国农田除草的主要方式，但是，除草剂的大量使用引起的药害也成为生产中不可忽略的问题。科学的杂草防除已成为花生有害生物防控中的重要一环，对保障我国花生生产甚至油料安全都有重要意义。

本书作者根据多年调查研究及生产实践经验，阐述、总结了我国花生田杂草发生、防除的有关内容。书中介绍了我国花生田杂草发生、分布、危害特点等基础信息，总结了我国花生田常用除草剂的性能特点、全生育期除草方案、药害补救措施等可指导生产的实用信息，同时对生物除草、激光除草、生物技术培育耐除草剂花生品种等综合除草技术进行了探讨。希望本书成为花生种植者的工具书、科研工作者的参考书。

由于作者水平有限，书中疏漏之处在所难免，欢迎各位专家和广大读者批评指正。

著　者

2024年4月

# 目　录

# 第一章 花生田杂草的危害及主要杂草

我国花生田杂草种类多、发生量大。每年因草害造成花生减产5%～15%，严重的可达20%～30%，部分花生产区若不进行杂草防除，花生基本绝收。据研究，若花生田杂草达到5株/$m^2$，花生荚果产量比无草的对照减产13.89%，10株/$m^2$的减产34.16%，20株/$m^2$的减产48.31%。可以看出，杂草密度越大，减产越多。另外，某些恶性杂草的防除非常费人工，在目前劳动力短缺的情况下，已成为制约某些地区花生生产的重要因素之一。

## 第一节　花生田杂草的危害

杂草对花生的危害程度，取决于杂草密度和与花生共生时间的长短。近年来杂草生态研究证明，杂草对作物的危害具有阶段性的特点，低龄杂草植株对作物生长发育无害，同时作物对杂草的存在也具有一定的竞争忍耐能力。杂草密度越大，共生时间越长，危害越严重，反之则相反。杂草对花生的危害具体表现在争光、争水、争肥等生存条件的竞争，直接影响到花生植株发育，最终导致花生减产。

## 一、竞争阳光

杂草对花生受光有一定的影响。随着杂草密度的增加，花生株丛受光越来越差。据中国农业大学高柱平等于1985年和1986年在北京夏花生田试验，在人工控制马唐密度的情况下，随着密度的增加，花生株丛中部受光状况越差，随着杂草的生长，共生时间越长，影响越重。山东省花生研究所徐秀娟等（1991）研究了不同密度混群杂草对花生株丛的受光影响，发现每平方米5株、10株、20株、30株、60株、120株、240株混群杂草使花生株丛光照分别下降16%、37.9%、63.8%、76.1%、77.2%、87.5%、89.2%。杂草密度在30株/$m^2$以内，各密度间受光差异均显著。30株/$m^2$与60株/$m^2$之间受光差异不显著，而与120株/$m^2$的差异显著，120株/$m^2$与240株/$m^2$之间的差异则又不显著。

在同一杂草密度下，杂草与花生共生时间的长短，对光照影响程度不同。杂草与花生共生时间越长，对花生群体受光影响越大。不同杂草密度（30株/$m^2$、80株/$m^2$和120株/$m^2$）与无草对照相比，光照影响差异均达到5%显著水平。而出苗50 d后不同处理花生受光影响差异不显著。这表明，花生生长后期杂草与花生共生时间较短，花生群体已达到生育高峰，杂草群体小，失去竞争优势，故杂草密度对光照的影响差异不显著。

## 二、竞争水分

花生田杂草密度不同对水分的竞争能力也不相同。高柱平等（1988）研究表明，夏花生田生长5株/$m^2$、10株/$m^2$、20株/$m^2$、30株/$m^2$、60株/$m^2$、120株/$m^2$、240株/$m^2$马唐，结果显示，随着马唐密度的增大，土壤含水量降低，小于20株/$m^2$的各组间差异不显著，而大于 30 株/$m^2$ 各组间差异达到极显著水平，表明马唐密度越大，争夺水分越多。山东省花生研究所徐秀娟等（1991）对山东春播花生田混群杂草的研究结果表明，混群杂草密度不同，对水分的竞争力也不相同。6 月 5 日检测 0～15 cm 的土壤含水量，发现不同杂草密度间差异较小，因此时是花生与杂草幼苗期，需水量少，尤其杂草群体小，竞争能力差，故不同密度间差异不显著。8 月 5 日和 8 月 30 日，测出土壤含水量随着杂草密度的加大而降低（表 1－1）。

**表 1－1　不同密度混群杂草对花生田含水量的影响**

| 杂草密度（株/$m^2$） | 6月5日 | | | 8月5日 | | | 8月30日 | | |
|---|---|---|---|---|---|---|---|---|---|
| | 土壤水分（%） | 差异显著性 | | 土壤水分（%） | 差异显著性 | | 土壤水分（%） | 差异显著性 | |
| 0 | 17.18 | a | A | 19.30 | A | A | 20.85 | a | A |
| 5 | 17.16 | a | A | 19.03 | A | AB | 20.43 | ab | A |
| 10 | 17.13 | ab | AB | 18.41 | B | BC | 20.07 | b | AB |
| 20 | 17.12 | ab | AB | 18.03 | Bc | CD | 19.46 | c | B |
| 30 | 17.10 | ab | AB | 17.61 | Cd | DE | 18.41 | d | C |
| 60 | 16.99 | bc | ABC | 17.18 | D | EF | 17.30 | e | D |
| 120 | 16.93 | c | BC | 16.64 | E | FG | 15.89 | f | E |
| 240 | 16.89 | c | C | 16.07 | f | G | 14.95 | g | F |

注：小写字母表示在 0.05 水平上差异显著，大写字母表示在 0.01 水平上差异显著。

## 三、竞争养分

当杂草与花生共生时，杂草的存在势必导致花生吸收养分的减少，从而使花生减产。杂草吸收矿物质营养的能力比较强，而且以较高的量积累于组织中。如马唐积累的 N、$P_2O_5$ 和 $K_2O$ 分别占干物质重量的2%、0.36%和3.48%；藜分别占25.9%、0.37%和4.34%；马齿苋分别占2.40%、0.09%和4.57%；苍耳分别占2.47%、0.64%和2.54%；而花生则分别占其干物质重量的2.72%、0.52%和1.50%。鲁因阿德（Ruinard）的研究报告指出，肥料只能使花生增产30%，而防除杂草则可使花生增产65%。赛米高达（Thimme Gowda）报道，花生萌发前，每公顷使用2.5 kg除草醚，除草效果很好，即使减少40%的施肥量，花生产量也没有明显差异，表明杂草与花生对养分的竞争相当激烈。

## 四、影响花生植株生育和产量

杂草与花生争光、争水、争肥，对花生的植株生育和产量均有不同程度的影响，且随着杂草密度的增加和共生期的延长，影响加重。据韩方胜等（1995）的研究结果表明，在北京夏花生田，单一杂草马唐在不同密度下对花生单位面积株数、株粒数、百粒重、出仁率均有影响。单位面积杂草鲜重越大，花生的侧枝长度越短，分枝数越少，成熟期的单株绿叶数越少，单株结果数越少，两者负相关超过极显著水平，与产量损失率则呈极显著正相关，与花生主茎高度关系不显著。

徐秀娟（1991）等试验，山东春花生产量也随田间混群草密度的增加而降低。平均每平方米有杂草5株与无草的产量差异不显著，多于5株则差异显著。当每平方米有混群杂草10株以上，对花生产量有显著影响；当每平方米超过30株，各密度间差异不显著。不同密度杂草与花生共生时间不同，对花生产量的影响也不相同。花生出苗后20 d有草，对产量影响最大，其次为出苗后35 d有草，出苗后50 d有草对产量影响最轻，三者每公顷产量依次为393 kg、1 772.9 kg和2 654.9 kg，三者间差异达到

1%显著水平。杂草与花生共生时间越长，对产量的影响越大。由于花生本身有一定的竞争力，每平方米有杂草少于5株对产量影响不显著。花生出苗后50 d再出现杂草，对花生产量的影响不显著（表1-2）。

**表1-2　不同密度杂草对花生产量的影响**

| 杂草密度（株/m²） | 产量（kg/hm²） | 差异显著性 | | 比无草减产（kg/hm²） | 比无草减产（%） | 单株产量（g） |
|---|---|---|---|---|---|---|
| 0 | 2 472.45 | a | A | — | — | 14.03 |
| 5 | 2 128.95 | a | AB | 344.25 | 13.89 | 9.48 |
| 10 | 1 627.50 | b | BC | 844.50 | 34.16 | 7.85 |
| 20 | 1 278.00 | b | C | 1 194.45 | 48.31 | 5.57 |
| 30 | 488.55 | c | D | 1 983.90 | 80.24 | 3.90 |
| 60 | 386.55 | c | D | 2 085.90 | 84.37 | 2.23 |
| 120 | 309.00 | c | D | 2 163.45 | 87.50 | 1.22 |
| 240 | 141.45 | c | D | 2 331.00 | 94.28 | 0.50 |

注：小写字母为0.05水平差异显著性，大写字母为0.01水平差异显著性。

杜龙等（2019）对香附子对产量影响的研究表明，与无草处理（即密度为0株/m²）相比，香附子密度<10株/m²时，对花生产量影响不大（表1-3）。随着香附子密度的增加，花生产量逐渐降低，在10～80株/m²范围内，随着草密度的增加，花生产量急剧下降；从80株/m²开始，产量缓慢下降。花生产量与香附子密度呈负相关。香附子在密度160株/m²的生物量积累较空白对照（无香附子）杂草生物量积累少，同时对花生产量影响更小，这表明与杂草自然生长相比，香附子在160株/m²密度下与花生的种间竞争更小。

**表 1-3　不同密度香附子对花生产量的影响（t/hm²）**

| 香附子密度（株/m²） | 2016 年 | 2017 年 |
|---|---|---|
| 0 | 2.839±0.11 | 2.634±0.11 |
| 5 | 2.813±0.14 | 2.613±0.09 |
| 10 | 2.711±0.08 | 2.535±0.09 |
| 20 | 2.425±0.11 | 2.205±0.11 |
| 40 | 2.134±0.15 | 1.870±0.08 |
| 80 | 1.773±0.04 | 1.580±0.10 |
| 120 | 1.511±0.12 | 1.448±0.15 |
| 160 | 1.427±0.12 | 1.315±0.08 |
| 空白对照（无香附子） | 1.375±0.08 | 1.295±0.06 |
| 空白对照 | 1.118±0.11 | 1.075±0.11 |

## 五、助长病虫害发生

目前，关于花生田杂草传播病虫害的研究尚未见报道。但是，研究证实杂草可作为多种作物病虫害的寄主或中间寄主，为某些病虫害的发生、传播提供便利。例如，灰飞虱借助农田禾本科杂草，实现了多次转寄主作物危害，越冬代灰飞虱在麦收时转移到附近看麦娘等禾本科杂草上，当玉米生长进入苗期时，由越冬代形成的大量第 1 代灰飞虱成虫从看麦娘等杂草上迁移至玉米上危害，并传播玉米粗缩病。当玉米生长至中后期（10 叶后），水稻秧苗已出现，栖息在玉米和田间杂草上的灰飞虱再次迁移至稻田，在水稻上继续危害和传播水稻条纹叶枯病。直至中秋过后，第 5 代灰飞虱成虫又重新从稻田飞出，隐匿进附近杂草丛中，当秋末冬初麦苗长出，部分灰飞虱进入麦田，在麦苗上以若虫越冬，完成整年生活史。另外，小檗、唐松分别是小麦秆锈菌、叶锈菌的转主寄主，为小麦锈病的发生、传播提供了便利。

对花生田杂草易感病害、虫害的研究将为花生田有害生物防除提供新的思路。例如，利用莲草直胸跳甲防除花生田空心莲子草；以胶孢炭疽菌为主开发成生物菌剂，用来防除大豆田菟丝子，防效率达 70%～90%。此方面的研究还需科研人员进一步探究。

## 第二节　花生田主要杂草

随着花生种植面积和区域的增多，花生杂草呈现种类多、繁殖系数高、适应性强、危害时间长的特点。据报道，我国花生田杂草多达 70 余种，分属 20 余科。以禾本科杂草为主，其发生量占花生田杂草总量的 60%以上，其次为菊科、苋科、茄科、莎草科、十字花科、大戟科、藜科、马齿苋科等，下面分别介绍。

### 一、禾本科杂草

主要有马唐、升马唐、毛马唐、止血马唐、牛筋草、野燕麦、狗牙根、大画眉草、小画眉草、白茅、雀稗、狗尾草、结缕草、稗、千金子、龙爪茅、虎尾草等。

**1. 马唐**［*Digitaria sanguinalis*（L.）Scop.］

马唐是一年生禾本科植物，广泛分布于全球热带、亚热带及温带地区，其一生均可危害花生，一株马唐种子可达数百至数千粒。种子边成熟边脱落，靠风力、水流和人畜、农机具携带传播。种子生命力强，被牲畜整粒吞食后排出体外或埋入土中，均能保持发芽力。马唐株高 40～100 cm，上部直立，中部以下伏地生，节具有不定根。叶鞘短于节间，稀疏长毛；叶舌卵形，棕黄色，膜质；叶互生线状披针形，软毛或无毛黄棕色；总状花序呈指状排列；颖果透明椭圆形；种子淡黄色或灰白色；花果期 6—9 月。幼苗深绿色，密生柔毛；茎倾斜匍匐生长，常长出新枝（图1-1和彩图1）。

图1-1 马 唐

马唐适应性很强，主要旱作物田间均有发生，通常单生或群生，喜湿喜光性较强，适生于潮湿多肥的花生田。多数5—6月出苗，7—8月开花，8—9月成熟。唐洪元等（1991）研究了不同播期对马唐出苗、开花、叶片生长与生育期天数的影响和马唐种子在不同条件下萌发情况，结果表明：不同土质、不同播种深度对其出苗影响明显。无论何种土质播种深度均以1～3 cm为宜，超过3 cm出苗严重受到影响。播种深度超过9 cm均不能出苗。在不同期不同土壤湿度条件下，种子发芽率差异明显。干旱（15%）含水量发芽严重受到影响。郭文磊等（2022）研究表明，马唐在光照/黑暗为12 h/12 h、光照/黑暗阶段温度分别为40 ℃/30 ℃、35 ℃/25 ℃、30 ℃/20 ℃、25 ℃/15 ℃、20 ℃/10 ℃的变温条件下均可萌发，最适萌发温度组合为30 ℃/20 ℃；光照不是马唐种子萌发的必需条件，但对其萌发有一定的刺激作用；马唐种子在pH 4～10条件下均可萌发，pH7～10时萌发率均在90%以上；渗透势为－0.6～0 MPa时马唐种子萌发率在41.7%～98.3%，渗透势为－0.8 MPa及以下时基本无法萌发。马唐对盐分胁迫的耐受能力较强，NaCl 浓度为 240 mmol/L 时萌发率达 20%；马唐种子在土壤表面时出苗率最高（90%）。

**2. 升马唐**［*Digitaria ciliaris*（Retz.）Koeler］

升马唐为一年生草本禾本科马唐属植物，广布于世界热带和温带地区，分布于我国各地，以南部较普遍。多为喜温性与喜光性植物，常伴生在各种作物中，对花生、棉花、玉米等危害均较重。其发生时密度大、生长快、消耗地力、遮光。秆基部倾斜或横卧，着地后节易生根，高 30～50 cm，光滑无毛。叶片条状披针形，无毛或叶面被疏柔毛；叶鞘大都短于节间，鞘口及下部疏生有疣基的柔毛；叶舌膜质，先端钝圆。总状花序 3～8 个，呈指状排列于秆顶；小穗披针形，通常孪生，一具长柄、一具短柄或近无柄，呈 2 行着生于穗轴的一侧；第 1 颖微小，第 2 颖狭长，边缘具纤毛；第 2 外稃稍长或等长于第 1 外稃，边缘覆盖内稃。种子繁殖。多数5—6 月出苗，7—8 月开花，8—9 月成熟。

邵小明等（1999）研究表明，升马唐种子最适萌发温度在 25～35 ℃，最高萌发率为 86%（30 ℃），在 5 ℃和 10 ℃时几乎没有萌发，而 40 ℃时由 85%（35 ℃）下降到 69%，45 ℃时没有种子萌发。这表明只有当土壤温度达到 20 ℃后才有接近一半的升马唐种子萌发，当温度为 25～35 ℃时升马唐种子将会大量萌发。光照对升马唐种子萌发也有显著影响，在光照条件下种子在第 2 天即有萌发，第 7 天的萌发率达 80.6%，之后萌发率不再有明显变化，而暗处理 1 周后萌发率仅为 28%，暗处理 2 周的萌发率为 56%。从种子的霉坏数来看，暗处理时间越长霉坏数越多，可通过对光照的控制改变其萌发时间和萌发率。升马唐种子对 pH 的适应范围很宽，在 pH 为 2～10 范围内其萌发率均达到较高或最高水平（79%～87%），这也与其分布广泛有关。升马唐种子对干旱反应较不敏感，小于－0.6 MPa 的水势对升马唐种子萌发没有影响，只有当水势大于－0.8 MPa后萌发率迅速下降，说明升马唐种子具有很强的生命力，在非极端缺水的情况下均能正常萌发。氮含量在0.01%～0.18%可显著提高升马唐种子萌发速率。升马唐在0～2 cm和2～4 cm播种深度范围内出苗快且整齐，萌芽率分别为78.0%和72.0%，接近试验种子的最大萌发率。随着播种深度的增加，出苗率逐渐下降，播种深度达到8～10 cm时，升马唐不再出苗。在室内试验中的升马唐主要出苗深度为0～4 cm，而田间升马唐出苗深度主要集中于0～2 cm。原因可能与室内试验土壤和野外调查土壤的紧实度有关，并与土壤紧实度相关联的土壤透光深度有关。

**3. 毛马唐** 毛马唐与马唐相似，主要区别在于第2颖被丝状柔毛，第1外稃通常在两侧具丝状柔毛且杂有具疣基的刺毛，其毛于成熟后张开。毛马唐广布于全国各地，是一种世界广布的恶性杂草，防除比较困难。

毛马唐的各数量性状均具有较大的表型可塑性，播种的时间间隔越长，差异越大。在松嫩平原地区，毛马唐从5月初至8月初均可萌发，6月末至7月初可作为一个临界时间，7月之前萌发的毛马唐均应在幼苗期及时防除。另外，因为毛马唐茎节能生根，防除时一定要彻底，并参考幼株密度以及生态经济阈值进行防除。

**4. 止血马唐**［*Digitaria ischaemum*（Schreb.）Muhl.］止血马唐广布于全国各地，其与马唐区别在于总状花序一般仅3～4个，长2～8 cm，穗轴每节着生2～3个小穗；第1外稃5脉，脉间与边缘具棒状柔毛；第2外稃成熟后为黑褐色。

**5. 牛筋草**（*Eleusine indica* L. Gaertn） 别名蟋蟀草、蹲倒驴。牛筋草为一年生杂草，根须状，秆扁，自基部分枝，斜生或偃卧，秆与叶强韧，不易拔断，高10～60 cm，叶鞘压扁而有脊，叶舌短。叶片条形，扁平或卷折，无毛或上部具有柔毛。穗状花序2～7枚，呈指状排列于秆顶，有时其中1～2枚单生于花序之下。小穗无柄，有花3～6朵，成2行，紧密着生于宽扁穗轴之一侧，颖披针状，不等长，有脊，外颖短，内颖长。内稃短，脊上有纤毛，外稃长，脊上有狭翅。颖果呈三角状卵形，黑棕色，有明显的波状皱纹（图1-2和彩图2）。牛筋草根系发达，耐旱，繁殖量大，适生于向阳湿润环境，由于根系发达，故与花生争夺土壤养分明显。田间幼苗发生期为5—8月，开花结果期为6—10月，一生均可危害花生。由种子繁殖，种子边成熟边脱落，可由风和人畜携带远距离传播，种子经冬眠后发芽。不同时期种子埋在3 cm和6 cm，发芽率有明显差异，由于其根系发达，埋在6 cm的比3 cm的发芽率高；随着时间的推迟，两个深度的种子发芽率均有所提高。种子寿命较长，埋在旱田的种子寿命比水田的长，3年后旱田内发芽率为23.8%，水田为13.5%；4年后分别为6.7%和3.0%。

图1-2　牛筋草

马小艳等（2017）研究了牛筋草的不同萌发期对其各项生长和繁殖指标的影响。与6月、7月和8月萌发的杂草相比，5月萌发的杂草长得更高，生物量积累更多，且可以产生更多的种子。延迟萌发将大大降低牛筋草的结籽量，如绝大多9月萌发的牛筋草不能开花结种。因此，9月之前萌发的牛筋草应及时铲除，从而减少杂草种子的输入。不同萌发期对牛筋草种子千粒重影响不大。牛筋草的生殖生长期显著长于营养生长期，且越晚萌发的个体，繁殖投入越大。因此，在进行牛筋草防除时，应及时铲除早期萌发的个体，以有效减少杂草种子形成，从而避免翌年杂草的进一步蔓延。

**6. 野燕麦**［*Avena fatua* L.］别名铃铛麦、乌麦。一年生或越年生草本植物。秆直立单生或丛生，有2～4个节，株高60～120 cm。叶鞘光滑或基部被柔毛；叶舌膜质透明；叶片宽条状。圆锥花序呈塔形开展，分枝轮生，小穗疏生；小穗生2～3朵小花，梗长向下弯；两颖近等长，一般9脉；外稃质地坚硬，下部散生粗毛；颖果长圆形，被浅棕色柔毛，腹面有纵沟（图1-3和彩图3）。

图1-3　野燕麦

野燕麦为种子繁殖。李涛等（2018）研究结果表明野燕麦种子最适发芽温度为15～20 ℃，当温度高于25 ℃时，发芽率显著下降。该草对光周期不敏感，全黑、全光照条件下均可正常萌发，覆盖2～15 cm的土层均可萌发，其中2～10 cm土层中发芽率最高。一般出苗深度为0～20 cm，最深达30 cm。因地中茎的调节，野燕麦的分蘖节一般都在地表下1～5 cm。在东北和西北地区，野燕麦于4月上旬出苗，4月中下旬达到出苗高峰，出苗时间可持续20～30 d，6月下旬开始抽穗开花，7月中下旬种子成熟或脱落。成熟种子经90～150 d休眠后才萌发。当水势为－0.2～0 MPa时，萌发率可达80%左右，当水势降低至－0.8 MPa时，不能萌发。野燕麦适宜 pH 范围较广，在 pH 5～9 范围内，发芽率大于 70%。其耐盐胁迫能力也较强，NaCl 浓度为 160 mmol/L 时，发芽率大于 50%。

**7. 稗**［*Echinochloa crusgalli*（L.）Beauv］　稗草隶属于稗属，是一年生或多年生草本植物。全属约有 35 种，我国仅有 8 个种 6 个变种，在全国各地均有大面积分布，其中北方地区最多。其秆丛生，高 40～100 cm，扁平、光滑，基部斜生或膝曲，上部直立。圆锥花序直立或下垂，上部紧密，下部稍松散；小穗密集于穗轴的一侧，有硬疣毛；颖果椭圆形，光滑有弹性，有光泽。枝上生细长毛，小穗含 1～2 花，第 1 颖具 1 脉，成三角形，尖端有刚毛，长为第 2 颖的 1/3，第 2 颖与小穗等长，卵形，尖端或生短芒，质薄具 5 脉，不结籽花的外稃形状构造和第 2 颖相同，只生长芒，内包薄弱的内稃。结籽花的外稃一面平，一面凹，光亮、尖锐，脉不显，下部之边缘内卷，内稃较强韧。种子卵形，尖端长 2.5～3 mm，白色或棕色，密包于稃内不易脱出（图 1 - 4 和彩图 4）。

图 1 - 4　稗

稗草为晚春型杂草，适应性强，喜温暖湿润环境，既能生长在浅水中而又较耐旱，并耐酸碱，其繁殖力强，一株结籽可达1万粒左右。稗草种子萌发速度随时间增加而增加，在12～35℃都可以萌发，在0～10 cm的土层内均可出苗，土壤表层出苗率最高。3月以后稗草可在15 d内萌发，花期8月中旬，果期9月下旬，8月萌发的种子在霜降前即可结实。休眠对稗草有着重要意义，保证种子发芽后不受逆境条件的影响。杂草休眠常见以下几种类型，分别为种皮的透性或机械束缚引起休眠、胚需要后熟引起的休眠、种子萌发的抑制物引起的休眠、光效应引起的休眠等。剥去颖壳可显著提高稗草的萌发率，用水浸、化学处理及高温都可破除种子的休眠。王文凡等（2010）研究了聚乙二醇对稗种子萌发及其相关生理指标的影响，结果表明，适宜的PEG6000浓度和浸种时间均能不同程度促进稗草种子的萌发，表现为发芽率增高、发芽速度加快、相对导电率下降。王艳秋等（1998）研究了有关稗草种子的萌发动态及其出苗规律，认为稗草最适防除时期是春季的萌动、幼芽、出苗至2叶期。此时对水分、温度、光照条件最敏感，是抗逆性最弱的时期。此外，稗草种子于土壤中的深度和出苗数量有密切的关系，播深0～1 cm的稗草种子出苗率为74%，播深3 cm的稗草种子出苗率为58%，播深5 cm的稗草种子出苗率为22%，播深7 cm和10 cm的稗草种子在20 d内未见出苗。

**8. 画眉草**［*Eragrostis pilosa*（L.）P. Beauv.］ 别名蚊子草、星星草，为禾本科画眉草属1年生暖季型草本植物，广泛分布于热带和温带地区。其株高20～60 cm，秆细弱，直立或茎部膝曲，多密集丛生。叶鞘有脊，口缘具长毛，叶片线形，柔软；叶舌具有纤毛。圆锥花序，总花梗下部光滑，上部粗涩。小穗直立，线状披针形，成熟后暗绿色或带紫色，小花3～14枚，护颖易脱落，外稃侧脉不显著，内稃弓状弯曲。种子为不规则椭圆形，棕色或微带紫色（图 1-5 和彩图 5）。

图 1-5　画眉草

画眉草喜潮湿肥沃的土壤，多数 5—6 月出苗，7—8 月开花，8—9 月成熟，一生与花生共生。一株发育良好的画眉草，能产生几十个分蘖，产生种子数万粒，种子极小，可借风力远距离传播，埋在土壤深处的种子能保持几年不丧失发芽力。万琪等（2022）研究表明，除温度与盐分互作对画眉草种子萌发率无显著影响外，温度、水分/盐分及两者互作均极显著影响画眉草种子的萌发率和萌发速率；不同水分和盐分条件下，25 ℃时可抑制画眉草种子萌发，而 40 ℃虽能促进种子萌发，但却抑制其幼苗生长；画眉草种子萌发的基础水势值随温度升高呈先降低后升高的趋势，其中在水分胁迫条件下，30 ℃时种子萌发的基础水势最低，为−0.75 MPa；在盐分胁迫条件下，35 ℃时种子萌发的基础水势最低，为−0.78 MPa。表明适宜的高温能够降低画眉草种子萌发对水分的需求，更有利于其在干旱、盐碱地萌发和建植。

**9. 小画眉草**（*Eragrostis poaeoides* Beauv） 一年生草本，植株较细弱；秆高 20～40 cm，小穗条状长圆形，深绿色或紫色，含 4 朵或更多小花；外稃宽卵圆形；内稃稍短，宿存（图 1-6 和彩图 6）。颖果近圆形。广泛分布于全国各地。

图 1-6 小画眉草

小画眉草为种子繁殖。其种群的续存与其种子库中种子的分批萌发对策密切相关。在同一个生长季内，决定小画眉草种群数量的关键因子为含水量，当环境适宜度较小时（干旱胁迫），非生物因子（降水）限制种群数量；当环境适宜度较大时，密度依赖的竞争作用调节种群大小。土壤特性（结皮厚度、养分含量）也是影响小画眉草种群动态的一个重要因素。

**10. 狗牙根**［*Cynodon dactylon*（L.）Persoon］ 狗牙根是多年生草本植物。其须根细而坚韧。匍匐茎平铺地面或埋入土中，长 10～110 cm，光滑坚硬，节上生根及分枝，直立部分高 10～30 cm。叶片平展、披针形，长 3.8～8 cm、宽 1～3 mm，前端渐尖，边缘有细齿，叶色浓绿。穗状花序 3～6 枚呈指状排列于茎顶，小穗成 2 行排列于穗轴一侧，含 1 小花；两颖近等长或第 2 颖稍长，各具1脉；外稃与小穗等长，具3脉，脊上无毛；内稃与外稃近等长，具2脊（图1-7和彩图7）。种子长1.5 mm，卵圆形，成熟易脱落。秆直立或下部匍匐，无毛，细而坚韧；叶为线形，通常无毛；小穗灰绿色，花药淡紫色；果实为长圆柱形，花果期5—10月。狗牙根原产于非洲，广泛分布于热带、亚热带和温带地区，我国黄河流域以南各地均有狗牙根，北至新疆亦有野生狗牙根。

图1-7　狗牙根

狗牙根适合在温暖潮湿和温暖半干旱地区生长，极耐热耐旱，耐践踏，但抗寒性差，也不耐阴，根系浅，喜在排水良好的肥沃土壤中生长，在轻度盐碱地上也生长较快，且侵占力强，以根茎、匍匐茎繁殖为主，也可种子繁殖。狗牙根性喜温暖湿润气候，耐阴性和耐寒性较差，最适生长温度为20～32 ℃，在6～9 ℃时几乎停止生长。

**11. 白茅**［*Imperata cylindrica*（L.）P. Beauv.］　别名茅、茅草，禾本科多年生草本。匍匐根状茎黄白色，有甜味。秆丛生，直立，高25～80 cm，具2～3节，茎节上有长柔毛；叶片条形或条状披针形，叶背主脉明显突起；叶鞘无毛或上部边缘和鞘口具纤毛，老熟时基部常破碎成纤维状；叶舌膜质，钝头（图1-8和彩图8）。圆锥花序圆柱状，分枝短而紧密；小穗含2朵小花，仅第2小花结实，基部密生银丝状长柔毛，颖果成熟后，自柄上脱落，以根茎和种子繁殖。一般3月下旬至4月上旬根茎发芽出土，5—6月即抽穗开花。

图1-8　白　茅

**12. 雀稗**（*Paspalum thunbergii Kunth* ex Steud.）　雀稗为多年生草本。秆丛生，稀单生，直立或倾斜，高20～50 cm，具2～3节，节具柔毛。叶鞘松弛，具脊，多聚集跨生于秆的基部，被柔毛；叶舌膜质，长0.5～1 mm；叶片条状披针形，两面密生柔毛。总状花序3～6枚，呈总状排列于主轴上；小穗倒卵状圆形，长约2.5 mm，边缘被微毛，稀无毛，较稀疏地以2～4行排列于穗轴的一侧；第1颖缺，第2颖与第1稃相似。谷粒倒卵状圆形，与小穗等长，细点粗糙，灰白色（图1-9和彩图9）。为种子繁殖。

雀稗的种子萌发与温度密切相关，随着温度升高，宽叶雀稗种子发芽初始时间提前，发芽率稳定所需时间缩短，发芽速率加快，20 ℃、25 ℃时，种子发芽率与发芽势较高，地上部与根系生物量较大；20 ℃、25 ℃、30 ℃时，种子发芽指数、活力指数较高，苗高较高，根长较长，长度根冠比随着温度升高先降后升，25 ℃时最小。

图 1－9　雀　稗

**13. 狗尾草**［*Setaria viridis*（L.）P. Beauv.］　狗尾草别名谷莠子，为一年生晚春杂草。株高 20～60 cm，直立或茎部膝曲，通常丛生，叶鞘圆形，短于节间，有毛，叶舌纤毛状。叶片线形或纤状披针形，基部渐狭呈圆形，开展，圆锥花序紧密呈圆柱形，通常微弯垂，绿色或变紫色，总轴有毛，小穗椭圆形，顶端钝，3～6个簇生，外颖稍短，卵形，具 3 脉，内颖与小穗等长或稍短，具有 5 脉，不稔花外颖与内颖等长，结实花外颖较小，穗较短，卵形，革质。颖果椭圆形，扁平，具脊（图 1－10 和彩图 10）。

狗尾草适应性较强，各种类型花生田均可生长，多数 4—5 月出苗，7—8 月开花，8—9 月成熟。在良好的生长条件下，植

图 1-10　狗尾草

株高大，分枝多，否则相反，但均可开花结实。种子由坚硬的厚壳包被，被牲畜整粒吞食后排出体外或深埋土壤中一定时间，仍可保持较高的发芽力。刘金海等（2021）研究表明，4 ℃低温保存 1 d、3 d、5 d 和 7 d 的种子，随着时间的延长，发芽率和各项活力指标都不断提高。低温处理能在一定程度打破纳罗克非洲狗尾草种子的休眠，干燥种子 4 ℃ 12 h、25 ℃ 12 h 交替重复变温处理 5 d，种子发芽率、发芽势、发芽指数、活力指数和芽长都得到提高，分别为 70.67%、59%、13.17、0.014 和 3.503 cm，是有效破除纳罗克非洲狗尾草种子休眠的最佳技术方案。

**14. 结缕草**（*Zoysia japonica* Steud.）　别名崂山青、延地青、老虎皮草、锥子草，为禾本科多年生草本植物，多分布在我国山东半岛和辽东半岛，两地野生结缕草面积约占全国结缕草草地面积的 60%。该草多具长的匍匐的根状茎，秆从根状茎的每节的节上生出，直立，高 10～15 cm。叶鞘无毛，仅鞘口处有长柔毛。下部松弛，上部紧密包茎；叶舌不明显；叶片线状披针形，长 3～10 cm、宽 2～4 mm，表面具疏柔毛，背面无毛，通常扁平或边缘微内卷。总状花序顶生，长约 2 cm、宽约 3 mm；小穗卵形，长 3～3.5 mm，宽 1.2～1.5 mm；小穗柄常弯曲，长达 4 mm；第 2 颖革质，紫褐色，有光亮，无毛，顶端钝，具 1 mm的短尖头，脉不明显；外稃膜质，具 1 脉，长 2.5～3 mm。雄蕊 3 枚，花药长 1～1.5 mm；花柱 2 个，伸出颖外。花果期6—8 月。

**15. 龙爪茅**［*Dactylocteninm acgyptium*（L.）P. Beauv.］龙爪茅是龙爪茅属一年生禾本科杂草，别名竹目草、埃及指梳茅，适应性较强，全世界热带及亚热带地区均有分布，在我国主要分布于浙江、台湾、广东、广西等地区，是旱地作物的主要杂草之一。龙爪茅繁殖能力极强，花果期为 5—10 月，其种子边成熟边脱落且具有较强的休眠特性，较难根除，对农作物的危害极大。植株直立或匍匐状，多分枝，具匍匐茎，蔓延地上，节能生根。叶片线状披针形，10～30 cm 长，主脉 3 条，叶尖圆钝形，叶缘及叶背被有软毛叶鞘扁平无毛，叶舌膜质，具纤毛。花序为穗状花序 2～7 个呈指状排列，一般为 4 个，穗状花序粗短，小穗密集呈覆瓦状排列，每一个小穗有 2～4 朵花。颖果球形，被皱纹（图 1-11 和彩图 11）。

郑广进等（2020）研究表明，龙爪茅种子的休眠主要是其种皮对种胚的束缚引起的机械性休眠，经摩擦种皮处理，空白组的萌发率即可达 67%以上。不同浓度的 HCl、NaOH、$KNO_3$ 及 $GA_3$ 处理均不能有效解除未经摩擦种皮处理的龙爪茅种子的休眠，摩擦种皮处理的龙爪茅种子经低浓度的 $KNO_3$ 及 $GA_3$ 浸泡 24 h 后萌发率可达 80%以上，而经 HCl、NaOH 以及高浓度 $KNO_3$ 浸泡相同时间后萌发率急剧下降。光照因素对

图 1-11　龙爪茅

龙爪茅种子的萌发影响较小，光照条件下的萌发率略高于黑暗条件。

**16. 虎尾草**［*Chloris virgata* Sw.］　虎尾草是禾本科虎尾草属一年生草本植物，别名棒槌草，热带至温带均有分布，遍布于全国各地，可生长在海拔达 3 700 m 的路旁荒野，以及河岸沙地、土墙及房顶上。秆直立或基部膝曲，光滑无毛，高 20～30 cm。叶鞘光滑无毛，背部有脊，松弛包茎，顶部常肿胀而包藏花序；叶片长 5～25 cm、宽 3～6 mm，平滑，有时边缘粗糙。穗状花序长 3～5 cm，4～10 余个呈指状排列于秆顶；小穗长3～4 mm，幼时绿色，成熟时带紫色；颖不等长，具 1 脉，膜质，第 1 颖长 1.5～2 mm，第 2 颖长约 3 mm，具长 0.5～1.5 mm 的短芒；第 1 外稃长 3～4 mm，具 3 脉，边脉具长柔毛，着生于中部以上的长柔毛约与稃体等长，芒自顶端以下伸出，长 5～15 mm；内稃稍短于外稃，脊上具纤毛；不孕外稃顶端截平，长约 2 mm，具长 4～8 mm 的长芒，颖果长约 2 mm，花果期 6—10 月（图 1-12 和彩图 12）。

图 1-12　虎尾草

**17. 芦苇**［Phragmites australis（Cav.）Trin. ex Steud.］属于禾本科多年生植物，分布与全国各地，江河湖泽、池塘沟渠沿岸和低湿地，为全球广泛分布的多型种。除森林生境不生长外，各种有水源的空旷地带，常以其迅速扩展的繁殖能力，形成连片的芦苇群落。芦苇的根状茎十分发达。秆直立，高 1～3 m，直径 1～4 cm，具 20 多节，基部和上部的节间较短，最长节间位于下部第 4～6 节，长 20～25 cm，节下被蜡粉。叶鞘长于其节间；叶舌边缘密生一圈长约 1 mm 的短纤毛，两侧缘毛长 3～5 mm，易脱落；叶片披针状线形，长 30 cm、宽 2 cm，无毛，顶端长渐尖成丝形。圆锥花序大型，长 20～40 cm，宽约 10 cm，分枝多数，长 5～20 cm，着生稠密下垂的小穗；小穗柄长 2～4 mm，无毛；小穗长约 12 mm，含 4 花；颖具 3 脉，第 1 颖长 4 mm；第 2 颖长约 7 mm；第 1 不孕外稃雄性，长约 12 mm，第 2 外稃长 11 mm，具 3 脉，顶端长渐尖，基盘延长，两侧密生等长于外稃的丝状柔毛，与无毛的小穗轴相连接处具明显关节，成熟后易自关节上脱落；内稃长约 3 mm，两脊粗糙；雄蕊 3 枚，花药长 1.5～2 mm，黄色；颖果长约 1.5 mm（图 1－13 和彩图 13）。

图 1－13　芦　苇

**18. 千金子**［*Leptochloa chinensis*（L.）Nees］　千金子别名续随子、打鼓子、一把伞、小巴豆、看园老，属大戟科，一年生草本。秆丛生，上部直立，基部膝曲，高 30～90 cm，具 3～6 节，光滑无毛。叶鞘无毛，大多短于节间；叶舌膜质，多撕裂具小纤毛；叶片条状披针形，无毛，长卷折。圆锥花序长 10～30 cm，分枝细长；小穗成两行着生于穗轴的一侧，含 3～7 朵小花；颖具 1 脉，第 2 颖稍长于第 1 颖；外稃具 3 脉，无毛或下部被微毛；第 1 外稃长约 1.5 mm；雄蕊 3 枚，颖果长圆形（图 1－14 和彩图 14）。种子繁殖。花期 6—7 月，果期 8 月。

图 1－14　千金子

裴莉昕等（2018）的研究结果表明，千金子种子的平均千粒质量为 44.99 g；水分平均含量为 4.88%；黑暗或者温度低于 15 ℃并光照情况下，千金子种子不萌发或者萌发率极低。千金子种子解除休眠后，在 25 ℃、水分和光照充足的情况下萌发率可达 80%以上。

## 二、菊科杂草

主要有刺儿菜、蒲公英、苍耳、苦菜、飞廉、黄花蒿、艾蒿、鬼针草、小花鬼针草、三叶鬼针草、鳢肠等。

**1. 刺儿菜**［*Cephalanoplos Segetum* Bunge］　刺儿菜别名小蓟、刺蓟，为多年生根蘖杂草，有较长的根状茎。在世界各地广泛分布，在除广东、广西、云南、西藏以外的全国各地均有分布。刺儿菜常生于田边、路旁、空旷地或山坡上，多发生于土壤疏松的旱性土地，在北方农田局部危害较重。茎直立，有棱，株高 20～50 cm，上部具有分枝，全草被绒毛，叶互生，基生叶花时凋落，下部和中部叶椭圆形或椭圆状披针形，长 7～10 cm，宽 1.5～2.5 cm，表面绿色，背面淡绿色，两面有疏密不等的白色蛛丝状毛，顶端短尖或钝，基部狭窄或钝圆，近缘或有疏锯齿，有短柄或无柄。头状花序，单生于顶端，雌雄异株，雄花序较小、总苞长 18 mm，雌花序较大、总苞长约 25 mm，总苞片 6 层，外层苞片短，长椭圆状披针形，中层以内总苞片披针形，顶端长尖，有刺。雄花花冠长 17～20 mm，雌花花冠长约 26 mm，雄花花冠裂片长 9～10 mm，雌花花冠裂片约 5 mm，花冠紫红色，雄花花药为紫红色，花药长约6 mm，雌花退化雄蕊的花药长约 2 mm，花序托凸起。瘦果椭圆形或长卵形，褐色，略扁平，冠毛羽状，白色或褐色（图 1－15 和彩图 15）。

图 1-15 刺儿菜

刺儿菜适宜生长在多腐殖质的微酸性至中性土壤。根分布在 50 cm 左右的土壤中，最深可达 1 m。土壤上层的根着生越冬芽，向下则着生潜伏芽。多数 5—9 月可随时萌发，6—7 月开花，7—8月成熟。一株刺儿菜有种子数十粒，但通常只开花而较少结实，或者只生长茎叶、不开花结实。铲掉地上部或犁断根部，残茬和根部都能成活。

**2. 蒲公英**［*Taraxacum mongolicum* Hand. - Mazz］ 蒲公英别名蒲公草、食用蒲公英、尿床草，是菊科蒲公英属多年生草本植物，在全国大部分地区均可见，广泛生于中低海拔地区的山坡草地、路边、田野、河滩。蒲公英种子随风飘散，繁殖力强。叶为倒卵状披针形、倒披针形或长圆状披针形，叶柄及主脉常带红紫色；花为黄色，花的基部淡绿色，上部紫红色；内层为线状披针形；瘦果为暗褐色倒卵状披针形，冠毛为白色，长约 6 mm；花期为 4—9 月，果期为 5—10 月为多年生草本。株高 10～25 cm，含白色乳汁。根深长，单一或分枝，外皮黄棕色。叶根生，排成莲座状，狭倒披针形，大头羽裂或羽裂，裂片三角形，全缘或有数齿，先端稍钝或尖，基部渐狭成柄，有蛛丝状细软毛。

花茎比叶短或等长，结果时伸长，上部密被白色珠丝状毛。头状花序单一，顶生，长约 3.5 cm；总苞片草质，绿色，部分淡红色或紫红色，先端有或无小角，有白色珠丝状毛；舌状花鲜黄色，先端平截，5 齿裂，两性（图 1－16 和彩图 16）。瘦果倒披针形，土黄色或黄棕色，有纵棱及横瘤，中产以上的横瘤有刺状突起，先端有喙，顶生白色冠毛，花期早春及晚秋。成熟的蒲公英种子没有休眠期，当气温在 15 ℃以上，即可发芽，在 30 ℃以上时，发芽变慢。

图 1－16　蒲公英

**3. 苍耳**（*Xanthium sibiricum* Patrin）　苍耳别名野茄子、刺儿棵、疔疮草，是菊科苍耳属一年生草本植物。分布于我国黑龙江、辽宁、内蒙古及河北，日本及印度尼西亚也有分布。其喜温暖稍湿润气候，耐干旱瘠薄，以选疏松肥沃、排水良好的沙质壤土栽培为宜，其繁殖方式主要为种子繁殖。苍耳茎直立，粗壮，多分枝，高 30～100 cm，有钝棱及长条状斑点。叶互生，叶片三角状卵形或心形，长 6～10 cm、宽 5～10 cm，顶端尖，基部浅心形至阔楔形，边缘有不规则的锯齿或常成不明显的 3 浅裂，两面有贴生糙伏毛；叶柄长 3.5～10 cm，密被细毛。花单性，雌雄同株；雄头状花序椭圆形，生于雄花序的下方，总苞有钩刺，内含 2 花。瘦果壶体状无柄，长椭圆形或卵形，长 10～18 mm、宽 6～12 mm，表面具钩刺和密生细毛，钩刺长 1.5～2 mm，顶端喙长 1.5～2 mm（图 1－17 和彩图 17）。种子繁殖，花期 7—10 月，果期 8—11 月。

图 1－17　苍　耳

**4. 中华苦荬菜**［*Ixeris chinensis*（Thunb.）Nakai］　中华苦荬菜别名山黄鼠草、苦麻子，是菊科苦荬菜属多年生草本植物。原产于中国，俄罗斯远东地区及西伯利亚，日本、朝鲜均有分布。其株高 10～20 cm，茎直立或茎部稍斜，多分枝，全草具有白色乳汁。根叶簇生，条状披针形或倒披针形，先端钝或急尖，基部下延成窄叶柄，全缘或具疏小齿或不规则羽裂，幼时常带紫色。茎叶互生，向上渐小，细而尖，无柄，全缘或疏具有齿牙。头状花序排列成稀疏的聚伞状，花朵小而多。总苞 2 列，钟状。舌状花白色、黄色或粉红色。瘦果长椭圆形或纺锤形，稍扁，有条棱，棕褐色，具长喙；冠毛白色（图 1－18 和彩图 18）。

图 1-18　苦　菜

苦菜抗旱、耐寒，在酸性和碱性土壤中都能生长，解冻不久就返青，到上冻时就枯死。根斜行或平行伸在 10～15 cm 的土壤中，主、侧根都着生不定芽。春季当气温稳定在 10 ℃左右时，宿根隐芽开始萌发，3 月下旬至 4 月初，气温在 10～15 ℃时，出苗展叶。当气温在 20 ℃左右时，随着温度的升高，生长速度加快，进入营养生长旺盛期。营养积累达到一定程度，就会转入生殖生长，形成花枝并现花蕾。最早发现花蕾的时间是 4 月 10 日，比较集中的时间是 4 月中旬至 5 月上中旬。开花后的老株只要营养积累达到需要，就会不断从基部抽生花枝并在枝上现蕾，这种现象一直可以持续到 7 月上中旬。9 月中下旬，苦菜经过炎热的夏季，再经过短暂的营养生长期，又开始抽枝现蕾，只是后期抽枝、现蕾数比较零星分散。每株从花蕾形成到花朵开放需 7～8 d，每天每一大分枝开放花序 1～3 个，顶端的头状花序先开，依次往下。每天 6:00 左右太阳升起的时候，头状花序开放，一直持续到 16:50 左右开放的花朵全部枯萎，即当天开放、当天枯萎。阴雨天不易开花。种子边成熟边脱落，能被风吹到很远处，经过 2 周左右的休眠期，即可发芽出苗。根的再生能力强，被切得很短的根段，都能发芽成活。

**5. 飞廉**（*Carduus crispus* L.）　飞廉别名大蓟、刺盖、老牛锉，是菊科飞廉属二年生或多年生草本植物，适宜温暖或凉爽气候，耐寒和干旱。飞廉的生长对土壤要求不严，一般土壤均可栽种。其成熟期株高 70～100 cm，茎直立，单生，稀丛生，具纵沟棱及纵向下延的绿色翅，翅有齿刺，上部有分枝。茎下部叶椭圆状披针形，长 5～20 cm，羽状深裂，裂片边缘具缺刻状牙齿，齿端及叶缘有不等长的细刺，刺长 2～10 mm，上面绿色，无毛或疏被皱缩柔毛，下面浅绿色，被皱缩长柔毛，中部叶与上部叶较小，羽状深裂。头状花序 2～3 个聚生于枝端，直径1.5～2.5 cm，总苞钟形，总苞片 7～8 层，中层苞片先端成刺状，向外反曲；花全部筒状，紫红色。瘦果褐色，长椭圆形，直或稍弯；冠毛白色或灰白色，刺毛状。4 月中旬返青，6 月中下旬现蕾，7 月上中旬开花，下旬进入盛花期，8 月下旬至 9 月上旬开始枯黄。

**6. 黄花蒿**（*Artemisia annua* L.） 黄花蒿别名臭蒿，为越年生或一年生草本，分布于中国东部、南部，广布于欧洲、亚洲的温带、寒温带及亚热带地区，向南延伸分布到地中海及非洲北部，亚洲南部、西南部各国。黄花蒿喜暖、光照充足的环境，抗旱性强，不耐阴，喜生于潮湿肥沃、排水良好、微偏酸性的土壤中，以种子繁殖为主。茎直立，高 50～150 cm，粗壮，上部多分枝，无毛。叶互生，基部叶及下部叶在花期枯萎；中部叶卵形，3 次羽状深裂，长 4～5 cm、宽 2～4 cm，叶轴两侧具狭翅，裂片及小裂片长圆形或卵形，先端尖，基部耳状，两面被短柔毛；上部叶小，通常一回羽状细裂。头状花序极多数，球形，有短梗，排列成复总状或总状花序，通常具条线形苞叶；总苞半球形，直径约 1.5 mm，无毛；总苞片 2～3 层，外层狭小，绿色，内层的长椭圆形，中肋较粗，边缘宽膜质；花序托圆锥形，裸露。花黄色；雌花 4～8，长约 0.8 mm；两性花 26～30，长约 1 mm；柱头 2 裂，先端呈画笔状。果实椭圆形，长约 0.6 mm，光滑。花期 8—9 月，果期 9—10 月。

**7. 艾蒿**（*Artemisia argyi* Levl. et Vant.）　艾蒿别名艾、家艾，是菊科蒿属多年生草本或略呈半灌木状植物。其主根明显，略粗长，侧根多，地下根状茎横卧，其根茎发达。茎直立高 45～120 cm，茎单生或少数，植株有浓烈香气；叶被有灰白色短柔毛，并有白色腺点与小凹点；头状花序椭圆形，无梗或近无梗。瘦果长卵形或长圆形。圆形，质硬，基部木质化，密被白色茸毛，中部以上或仅上部有开展及斜生的花序枝。单叶，互生；茎下部的叶在开花时即枯萎；中部叶具短柄，叶片卵状椭圆形，羽状深裂，裂片椭圆状披针形，边缘具粗锯齿，上面暗绿色，稀被白色软毛，并密布腺点，下面灰绿色，密被灰白色绒毛；近茎顶端的叶无柄，叶片有时全缘完全不分裂，披针形或线状披针形。花序总状，顶生，由多数头状花序集合而成；总苞苞片 4～5 层，外层较小，卵状披针形，中层及内层较大，广椭圆形，边缘膜质，密被绒毛；花托扁平，半球形，上生雌花及两性花 10 余朵；雌花不甚发育，长约 1 cm，无明显的花冠；两性花与雌花等长，花冠筒状，红色，顶端 5 裂；雄蕊 5 枚，聚药，花丝短，着生于花冠基部；花柱细长，顶端 2 分叉，子房下位，1 室。瘦果长圆形。花期 7—10 月（图 1－19 和彩图 19）。

图 1－19　艾　蒿

**8. 鬼针草**（*Bidens bipinnata* L.）　鬼针草别名鬼叉草、鬼子针、婆婆针，为菊科植物。鬼针草为一年生晚春型杂草，其茎直立，株高 40～100 cm，上部多分枝，茎圆形，黑褐色。中下部叶对生，长 11～19 cm，2 回羽状深裂，裂片披针形或卵状披针形，先端尖或渐尖，边缘具不规则的细尖齿或钝齿，两面略具短毛，有长柄；上部叶互生，较小，羽状分裂。头状花序直径6～10 mm，有梗，长1.8～8.5 cm；总苞杯状，苞片线状椭圆形，先端尖或钝，被有细短毛；花托托片椭圆形，先端钝，长4～12 mm，花杂性，边缘舌状花黄色，通常有1～3朵不发育；中央管状花黄色，两性，长约4.5 mm，裂片5枚；雄蕊5枚，聚药；雌蕊1枚，柱头2裂。瘦果线状，有3～4棱，有短毛。顶端冠毛芒状，3～4枚，长2～5 mm。

鬼针草适应性强，高燥地和低湿地块皆有发生。在肥沃的地块，植株高大，分枝也多。在旱薄地生长纤细，分枝少。多数5—6月出苗，7—8月开花，8—9月成熟。一株鬼针草有种子数百至数千粒。种子能借助果实的刺毛，黏附在人、畜体上向外传播。充分成熟的种子，经过越冬能全部整齐地出苗。严文斌等（2013）研究了鬼针草的繁殖特征与种子萌发特性，发现鬼针草的最适萌发温度为10～25 ℃，高温（30～40 ℃）不利于种子的萌发，环境光强变化对鬼针草的种子萌发有一定影响，25%弱光导致鬼针草的萌发率显著下降。轻度干旱（聚乙二醇浓度≤0.10 g/mL）对种子的萌发影响不大，中度干旱（聚乙二醇浓度=0.15 g/mL）能够降低其种子萌发率。种子的萌发对pH的适应范围较广，只有pH为2.0的强酸性溶液才造成其种子萌发率显著下降。外界过高的N、P养分对种子的萌发均产生不利影响。掩埋处理能够抑制杂草种子的萌发，当埋藏深度达3.0 cm时，所有的种子均不能正常萌发与出苗。

**9. 小花鬼针草**（*Bidens parviflora* Willd.） 小花鬼针草别名小花刺针草、小刺叉、一包针，为一年生晚春型杂草，分布于中国东北、华北、西北、西南以及河南，日本、朝鲜、俄罗斯（东部西伯利亚）等地，主要以种子繁殖。茎直立，多分枝，高

20～70 cm，常带暗紫色。叶对生，具长柄；叶片 2～3 回羽状分裂，裂片条形或条状披针形，全缘或有齿，疏生细毛或无毛。头状花序具细长梗，直径 3～5 mm；总苞片 2～3 层，外层短小，绿色，内层较长，膜质，黄褐色；花黄色，全为筒状，先端 4 裂。瘦果条形，有四棱，先端具 2 枚刺状冠毛。幼苗上胚轴较发达，紫红色；子叶长圆状条形，具长柄；初生叶为羽状全裂。多数 5—6 月出苗，7—8 月开花，8—9 月成熟。

**10. 三叶鬼针草**（Bidens pilosa L.）　三叶鬼针草别名鬼针草，为一年生或多年生菊科鬼针草属草本植物，原产于热带美洲，是入侵性较强的外来入侵种。至今已广泛入侵我国的华东、中南、西南以及河北等地。因其生命周期短、繁殖迅速、生态适应性强，在入侵地能够短时间内形成大面积密集成丛的单优植物群落，对生物多样性、生态系统安全和区域经济发展等均造成不同程度的危害。其茎直立，高 30～100 cm。中部叶对生，3 深裂或羽状分裂，裂片卵形或卵状椭圆形，边缘有锯齿或分裂；上部叶对生或互生，3 裂或不裂。头状花序直径约 8 mm，总苞基部有细软毛；舌状花黄色或白色，筒状花黄色。瘦果长条形，有 4 棱，先端有 3～4 条芒状冠毛。幼苗子叶长圆形；初生叶 2～3 深裂或羽状深裂（图 1－20 和彩图 20）。

图 1－20　三叶鬼针草

该草为种子繁殖，多数5—6月出苗，7—8月开花，8—9月成熟。严文斌等（2013）研究了三叶鬼针草与土著种鬼针草的繁殖特征与种子萌发特性，发现与土著种鬼针草相比，三叶鬼针草的分枝能力强，分枝数量多，并能够产生数量更高、质量更轻的种子。高温（30～40 ℃）不利于两种杂草种子的萌发，但三叶鬼针草受到的抑制作用比土著种小，其最适萌发温度为20～30 ℃。两种杂草种子均在全光处理下获得最高萌发率，除全黑暗处理外，环境光强变化对三叶鬼针草的种子萌发影响不明显。轻度干旱（聚乙二醇浓度≤0.10 g/mL）对其萌发影响不大，中度干旱［聚乙二醇浓度=0.15 g/mL］能够降低其种子萌发率，但相对而言，三叶鬼针草的萌发率降幅较小。两种杂草种子的萌发对pH的适应范围较广，只有为pH为2.0的强酸性溶液才造成其种子萌发率显著下降。

**11. 鳢肠**［*Eclipta prostrata*（L.）L.］ 鳢肠别名旱莲草、墨草，是菊科鳢肠属一年生草本植物。在世界热带及亚热带地区广泛分布，在中国全国各地均有分布。其喜湿润气候，耐阴湿，以潮湿、疏松肥沃，富含腐殖质的砂质坟土或壤土栽培为宜。其株高为15～60 cm，全株被短糙伏毛。根状茎匍匐，具多数须根，茎铺散，直立或上升，通常自基部分枝。叶对生，叶长圆状披针形或披针形，长1.5～6 cm，宽0.5～2 cm，基部狭楔形，下延成短柄或无柄，先端钝，具小突尖，两面被糙伏毛。头状花序，径4～8 mm；花序梗细弱，长0.5～4.5 cm；总苞球状钟形，长约5 mm，宽约1 cm，总苞片5～6枚，绿色，外层长圆状披针形，被白色短糙伏毛，先端晴绿色，草质，内层较狭，且短；边花雌性，舌状，长3 mm、宽0.5 mm，先端浅裂或不分裂，白色；中央花两性，管状钟形，先端4裂；花药基部耳状，花丝无毛；花柱分枝先端钝，具小疣；花托凸起，托片丝形，被短伏毛。边花瘦果长圆形，长3 mm、宽1.5 mm，褐色或灰褐色，具长梗毛，具淡黄色木栓质边缘，沿中肋具淡黄色小疣状突起，先端截形；中央花瘦果扁平，有狭边；冠毛睫毛状，结合成副冠状，具1～2齿（图1-21和彩图21）。5—6月发芽、出苗，7—10月开花，9月果实成熟。

图1-21　鳢　肠

罗小娟等（2012）研究发现，鳢肠种子萌发适宜温度为25～40℃，最适温度为35℃；同时发现鳢肠为光敏感性种子，在光照条件下才能萌发，在黑暗中萌发受到抑制，但不同光照周期对种子萌发率没有明显影响；鳢肠种子对pH具有广泛的适应性，在pH为4～10范围内均可萌发；鳢肠种子对水势非常敏感，随着溶液水势从0下降至－0.5 MPa，萌发率从97.78%降低为4.44%；鳢肠种子对盐分不敏感，当NaCl浓度为0.15 mol/L时，萌发率为42.22%。表土层的鳢肠种子出苗率最高，当埋土深度大于0.5 cm时不能出苗。因此，耕作将种子带入土层深处可有效抑制鳢肠的危害。

## 三、苋科杂草

主要有反枝苋、白苋、凹头苋、青葙（鸡冠子）等。

**1. 反枝苋**（*Amaranthus retroflexus* L.）　反枝苋别名苋菜，原

产于美洲热带地区，现为世界广布种，入侵农田等多种生境，现已成为温带地区出现频率最高的外来入侵植物之一。其为一年生晚春型杂草，株高 80～100 cm，直立。茎圆形，肉质，密生短毛。叶互生，有柄，叶片倒卵形或卵状披针形，先端微凸或微凹，基部广楔形，边缘具有细齿。圆锥花序，顶生或腋生，密集成直立的长穗状花簇多刺毛。花被片 5 片，白色，先端钝尖，雄蕊 5 枚，雌蕊 1 枚，子房上位。种子扁圆形，极小，黑色，光亮（图 1－22 和彩图 22）。

图 1－22　反枝苋

反枝苋适应性强，在不同条件下的花生田均可以生长。其不耐阴，在高秆作物田生长不良。多数 5—6 月出苗，7—8 月开花，8—9 月成熟。出苗期可持续到 8 月，晚期出苗的矮小株也能开花结实。一株可有种子数万粒，种子边成熟边脱落，经过越冬才能发芽出苗，种子被牲畜整粒吞食后排出体外仍能发芽，埋在深层土壤中 10 年后仍可发芽力。王慧敏等（2011）研究发现，反枝苋能够入侵多种生境，并通过形成单一优势种群而显著地降低入侵生境中的物种多样性。从反枝苋入侵的地区来看，其在我国的分布范围很广。郑卉等（2011）研究发现包括反枝苋在内的苋属 4 个种（反枝苋、凹头苋、刺苋和皱果苋），在我国的适生区主要集中在华东地区、华北的部分地区、西北和东北的少数地区、除西藏和四川西部以外的西南地区以及中南的大部分地区。反枝苋种子数量多、体积小且有坚硬的种皮，使其能够耐受不同的环境胁迫而保持较高的发芽率。最新的研究发现，反枝苋种子最适萌发温度偏高，在高温处理时种子的发芽率可达91%，且幼苗生长旺盛，表明反枝苋对高温胁迫有较好的适应性。因此，在高温气候年份应严防反枝苋草害的加重。也有研究表明，反枝苋种子萌发的适宜温度为30 ℃，变温对其萌发没有显著影响，冷藏4年后25 ℃条件下反枝苋种子的发芽率、发芽势和发芽指数较储藏前显著升高，黑暗条件下反枝苋的萌发率会显著提高。除温度外，其他因素也会影响到反枝苋种子的萌发，如氮素添加对反枝苋的发芽速度有促进作用，同时还会增加反枝苋种子的萌发根长，因此，农田和果园等生境中氮肥的大量施用可能是造成反枝苋能够成功入侵的重要因素之一。氢氧化钠、盐酸、赤霉素和乙烯利等溶液浸泡处理均可以明显提高反枝苋种子的发芽率，但溶液浓度过低或过高均不利于其种子的萌发，其中赤霉素对解除反枝苋种子休眠最有效。反枝苋种子耐盐极限浓度在100～120 mmol/L，能够在一定浓度的NaCl溶液中保持活力，这种特征为反枝苋向盐碱土壤地区的入侵提供了可能。除了种子能够耐受环境胁迫而保持较高的发芽率使反枝苋具有较高的入侵性外，植株自身还具有较强的耐旱性，能够耐受干旱胁迫，这与其根和茎肉质粗壮、直根系发达、根产生周皮和异常次生木质部以及茎维管柱周围存在机械组织环带有关，与根和茎富含草酸钙晶体和淀粉粒以及叶中也富含草酸钙晶体可能也有关系。但在土壤有效水分增加时反枝苋能迅速吸收水分，并高效地转化利用；在水分充足的条件下，反枝苋在生长过程中将水分主要储存于茎和繁殖器官中以便应对干旱胁迫之需。因此，反枝苋能够快速适应水资源波动的环境，这也成为其能够成功入侵受人类灌溉等活动影响的农田、果园等生境的原因之一。

**2. 白苋**（*Amaranthus albus* L.） 白苋别名细苋，为苋科苋属一年生草本植物，原产于北美，传布于欧洲、中亚等地。在中国分布于黑龙江、河北、新疆等省份。其株高 40～80 cm，全体无毛。茎直立，少分枝。叶互生，倒卵形、长圆状倒卵形或匙形，长 5～20 mm，宽 3～5 mm。先端微凹，具芒尖，基部楔形全缘或略呈波状。花单性或杂性，密生，绿色；穗状花序腋生，或集成顶生圆锥花序；苞片及小苞片干膜质，披针形，小萼片 3 片，矩圆形或倒披针形；雄蕊 3 枚；柱头 2～3 个。胞果扁球形，不裂，极皱缩，超出宿存萼片。种子褐色或黑色，花期为 6—7 月。

**3. 凹头苋**（*Amaranthus blitum* L.） 凹头苋别名野苋菜、光苋菜，是苋科苋属植物。原产地为热带地区，广泛分布于全球泛热带和温带地区，其适应性强，生长范围广，中国除内蒙古、宁夏、青海和西藏外均有发生，日本、越南、老挝、尼泊尔以及欧洲、非洲北部、南美洲也有。其常生于路旁、田园、杂草地、荒地等处，为一年生杂草，全株无毛。茎基部分枝，平卧而上升，高 10～30 cm。叶互生，叶片卵形或菱状卵形，长 3～5 cm，宽 2～3.5 cm，先端微 2 裂或微缺，基部楔形，全缘，表面暗绿色，背面淡绿色，无毛或微有毛；叶柄与叶片近等长，绿白色，无毛（图 1-23 和彩图 23）。花簇生叶腋，后期形成顶生穗状花序；苞片短；花被片 3 个，细长圆形，先端钝而有微尖，向内曲，膜质。长约为胞果之半，黄绿色，有时具绿色隆脊的中肋；雄蕊 3 枚；柱头 3 个或 2 个，线形。胞果球形或宽卵圆状，近平滑或具皱纹，不裂，果期 8—9 月。

**4. 青葙**（*Celosia argentea* L.） 青葙别名野鸡冠花，为苋科青葙属的一年生草本植物，在中国分布于河北、山东及长江流域，在东南亚及非洲热带均有分布。全株光滑无毛，茎直立，高

图 1－23　凹头苋

30～100 cm，有分枝或不分枝，具条纹。叶互生，具短柄。叶片椭圆状披针形至披针形，全缘。穗状花序圆柱状或圆锥状，直立，顶生或腋生。苞片，小苞片和花被片干膜质，光亮，淡红色。胞果卵形，盖裂。种子倒卵形至肾脏圆形，稍扁，黑色，有光泽（图 1－24 和彩图 24）。

图 1－24　青　葙

该草为种子繁殖，喜较湿润农田，秦岭以南各省区较多。多数6月出苗，8—9月开花成熟。喜温暖气候，耐热不耐寒，对土壤要求不严，但吸肥力强，以有机质丰富、肥沃的疏松沙质土壤为宜，在黏性土壤中也能生长，但速度缓慢。

## 四、莎草科杂草

主要有香附子、碎米莎草、具芒碎米莎草等。

**1. 香附子**（*Cyperus rotundus* L.） 香附子别名香附、香头草、梭梭草，莎草属多年生草本植物，原产于欧亚大陆，是热带和亚热带气候下许多农艺和园艺作物中的一种恶性杂草，危害92个国家，共52种作物，在我国分布广泛，南方地区发生较重。茎高15～95 cm，稍细，锐二棱状，基部块茎状；叶稍多，短于秆，宽2～5 mm，平展；叶鞘棕色，常裂成纤维状；花小穗斜展，线形，长1～3 cm，宽1.5～2 mm，具8～28朵花；小穗轴具白色透明较宽的翅；鳞片稍密覆瓦状排列，卵形或长圆状卵形，先端急尖或钝，长约3 mm，中间绿色，两侧紫红或红棕色，5～7脉；雄蕊3枚，花药线形；花柱长，柱头3枚，细长6小坚果长圆状倒卵形，三棱状，长为鳞片1/3～2/5，具细点；果实鳞片稍密覆瓦状排列，卵形或长圆状卵形，先端急尖或钝，长约3 mm，中间绿色，两侧紫红或红棕色，5～7脉；雄蕊3枚，花药线形；花柱长，柱头3，小坚果长圆状倒卵形，三棱状，长为鳞片1/3～2/5，具细点（图1-25和彩图25）。

香附子可以通过基部球茎、根状茎、块根和种子繁殖，但主要以块根为繁殖体进行无性繁殖，其有性种子在自然界基本不发芽。块根可以忍受各种相对恶劣的环境条件。在适宜的温度下，香附子表现出强烈的定植习性，并迅速繁殖。一株植物在20个月内可产生174～554个块根，在生长20个月后每立方米产生

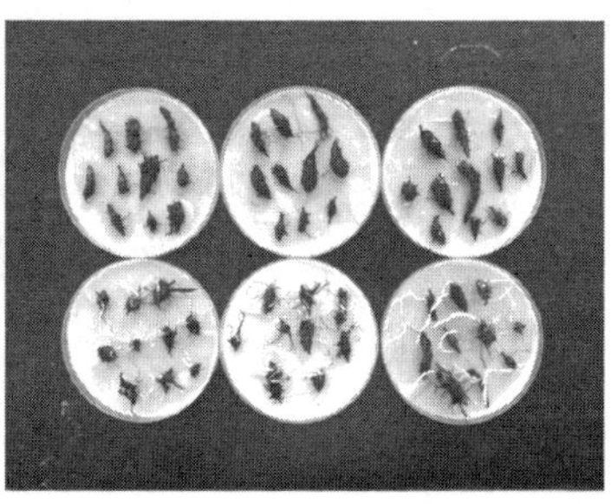

图 1 - 25　香附子

1 000个块根。在一个生长季节里，1 个块茎平均可产生约 100 个块根。如果土壤潮湿，块根可能可存活 3 年以上，在阳光充足的情况下，可能需要 7～14 d 的田间干燥才能杀死块根。香附子块根具有芽休眠特性，这增强了香附子对环境的适应力。同一植株的香附子块根在土壤条件适宜时，部分块根仍会保持休眠，防止所有块茎同时发芽。

**2. 碎米莎草**（*Cyperus iria* L.）　碎米莎草别名三棱草、荆三棱，莎草属一年生草本植物，其环境适应能力极强，在中国广泛分布，为水、旱田常见杂草之一，在长江流域及以南地区多与异型莎草混生。具须根，秆丛生，株高 20～85 cm，扁三棱形，基部具有少数叶，短于秆；叶鞘红褐色。叶状苞片 3～5 枚，通常较花序长。长侧枝聚伞状花序复出。具 4～9 个辐射枝，最长者达 12 cm，每个辐射枝具有 5～10 个穗状花序。穗状花序短圆状卵形，具 5～21 个小穗；小穗排列松散、斜展、扁平，短圆形或披针形，具 5～22 朵花；鳞片宽倒卵形，先端略缺，有短尖，背部有绿色龙骨状突起，两侧黄色；雄蕊、柱头各 3 个。柱头为小坚果倒卵形或椭圆形，三棱状，与鳞片等长，褐色，密生微突起细点（图 1 - 26 和彩图 26）。

图 1-26　碎米莎草

碎米莎草通过种子传播，繁殖力极强，种子萌发通常是植物生活史最为脆弱的阶段，容易受外界环境因子（如光照、温度、水分等）的影响。光照作为一种信号分子，影响种子萌发，促进或抑制种子休眠，进而调控种子在适宜条件下的萌发；温度是影响植物时空分布的控制因子，对种子萌发以及出苗起到关键性作用，能够促进或抑制种子吸水，影响酶促过程；种子萌发过程始于吸水后膨胀，所以水分是种子萌发的决定因素，主要通过渗透胁迫影响种子的萌发。碎米莎草喜生于潮湿的花生田，田间湿度低于20%不能生长。多数5—6月出苗，7—8月开花，8—9月成熟。一株有数千至数万粒种子，种子边成熟边脱落，种子极小，可随气流传播到远处。种子在当年处于休眠状态，经越冬后才能发芽出苗，埋在土壤深处的种子可以保持几年不丧失发芽力。李欣勇等（2021）研究发现，碎米莎草为萌发喜光性植物，最佳萌发温度为20～35℃；碎米莎草存在浅度生理休眠，氟啶酮（FL）和褪黑素（MLT）均可破除其休眠，显著提高种子萌发率（$P<0.05$）。碎米莎草种子在20% PEG重度水分胁迫后萌发率显著下降（$P<0.05$）；在老化168 h后发芽率才低于50%，表明碎米莎草种子有较强的抗老化能力；具有休眠循环特性，低温可诱导其进入次生休眠。研究认为，播种前深耕、播种早播或越年生作物品种是田间防控碎米莎草的有效方法。

**3. 具芒碎米莎草**（*Cyperus microiria* Steud.） 具芒碎米莎

草又名黄颖莎草，莎草属一年生草本，具须根，种子繁殖，在我国分布广泛。秆丛生，高 20～50 cm，稍细，具锐三棱，平滑，基部具叶。叶短于秆，宽 2.5～5 mm，平张；叶鞘红棕色，表面稍带白色。叶状苞片 3～4 枚，长于花序；长侧枝聚伞花序复出或多次复出，具 5～7 个辐射枝，辐射长短不等，最长达 13 cm；穗状花序卵形或宽卵形或近于三角形，长 2～4 cm，宽 1～3 cm，具多数小穗；小穗排列稍稀，斜展，线形或线状披针形，长 6～15 cm，宽约 1.5 cm，具 8～24 朵花；小穗轴直，具白色透明的狭边；鳞片排列疏松，膜质，宽倒卵形，顶端圆，长约 1.5 mm，麦秸黄色或白色，背面具龙骨状突起，脉 3～5 条，绿色，中脉延伸出顶端呈短尖；雄蕊 3 枚，花药长圆形；花柱极短，柱头 3。小坚果倒卵形，几与鳞片等长，深褐色，具密的微突起细点（图 1－27 和彩图 27）。花果期 8—10 月。

图 1－27　具芒碎米莎草

## 五、其他科杂草

**1. 龙葵**（*Solanum nigrum* L.）　龙葵别名猫眼、黑油油、野葡萄、七粒扣，为茄科茄属一至多年生草本双子叶植物。株高

50～100 cm，直立，上部多分枝，茎圆形，略有棱，叶互生，有柄，卵形，质薄，边缘有不规则的粗齿，两面光滑或有疏短柔毛，伞房状花序，腋外生，有梗。萼钟状，有 5 个深裂。花瓣 5 个，白色。雄蕊 5 枚，花药黄色。雌蕊 1 枚，子房球状，2 室。浆果球形，直径约 8 mm，成熟时黑色。种子扁平，近卵形，白色，细小（图 1－28 和彩图 28）。

图 1－28　龙　葵

龙葵喜光性较强，要求肥沃、湿润的微酸性至中性土壤。多数 5—6 月出苗，7—8 月开花，8—9 月成熟。花由下而上逐次开放。浆果味甜可食，整粒种子被吞食后排出体外仍能发芽。种子埋入耕作层，多年不丧失发芽力。李龙龙等测定不同萌发温度（10～40 ℃）条件下龙葵种子的抗氧化酶活性、MDA 含量和淀粉酶活性，分析比较不同种群对温度的生理响应差异。发现不同龙葵种群种子萌发对温度的生理响应存在显著差异，基于相关生理指标可以确定种子的萌发状况和适宜萌发条件。

**2. 荠菜**［*Capsella bursa－pastoris*（L.）Medik.］　荠菜别名荠、吉吉菜，十字花科荠属一年生或越年生杂草，原产于我国，全国各地均有分布或栽培。适宜于冷凉和晴朗的气候，耐寒性较强，对土壤的选择不严，但以肥沃、疏松的土壤生长最佳，为种子繁殖型。荠菜分为板叶荠菜和散叶荠菜两种。株高 20～

50 cm，直立，多分枝，具有短毛，基生叶丛生，呈莲座状，有柄，叶片长圆形披针形，疏浅裂至羽状深裂。茎叶互生，无柄，叶片长圆形至披针形，上叶近乎线形，基部箭头状，抱茎。总状花序顶生和腋生；花瓣 4 枚，白色。短角果倒三角形或倒心形、中脉隆起，中间具有残余花柱（图 1－29 和彩图 29）。种子卵圆形，表面具细微疣状突起。适应性广，耐寒，抗旱。种子繁殖，以种子和幼苗越冬，越冬苗土壤解冻不久即返青。多数是 3—4 月出苗，6—7 月开花，8—9 月成熟，一株有数十粒至数千粒种子。

图 1－29　荠　菜

**3. 铁苋菜**（*Acalypha australis* L.）　铁苋菜俗名野苏子、夏草，属大戟科铁苋菜属一年生晚春性杂草。在东北亚至东南亚地区广泛分布，在中国除西部高原或干燥地区外，大部分省份均有分布，俄罗斯、朝鲜、日本等地也有分布。铁苋菜株高 30～50 cm，茎直立，有纵条纹，具灰白色细柔毛；单叶互生膜质，卵形至卵状菱形或近椭圆形，先端稍尖，基部广楔形边缘有钝齿，粗糙，有白色柔毛；花序腋生，花单性，雌雄同序，无花瓣；苞片开展时呈三角状肾形，合时如蚌；蒴果小，三角状半圆形，淡褐色，被粗毛（图 1－30 和彩图 30）。花果期 4—12 月。

铁苋菜因其茎叶赤紫似铁，为苋菜之属而得名。铁苋菜生于平原或山坡较湿润的耕地和空旷草地；喜湿润，高山和平坝的一般土壤都可以生长。繁殖方式为种子繁殖。适应性广，5—6月出苗，7—8月开花，8—9月成熟，一株有数百粒种子。种子边成熟边脱落，可借风和水流向外传播。在土壤深层不能发芽的种子，能保持数年不丧失发芽力。

图1-30　铁苋菜

**4. 藜**（*Chenopodium album* L.）　藜别名灰菜、灰灰菜，属藜科一年生早春杂草。分布于全球温带及热带以及中国各地，生长于海拔50～4 200 m的地区，见于路旁、荒地及田间。株高30～120 cm。茎直立，上部多分枝，常有紫斑。叶互生，有细长柄，叶片变化较大，大部为卵形、菱形或三角形，先端尖，基部广楔形或楔形，边缘疏具不整齐的齿牙。叶片下面背生白粉，花顶生或腋生，多花聚成团伞花簇。花被5个，黄绿色，雄蕊5枚，雌蕊1枚，子房卵圆形，花柱羽状2裂。胞果扁圆形，果完全包于花被内或顶端稍露。种子肾形，黑色，无光泽（图1-31和彩图31）。

图1-31　藜

藜适应性强，抗寒，耐旱，喜光喜肥，在适宜条件下能长成多枝的大株丛，在不良条件下株小，但也能开花结实。从早春到晚秋可随时发芽出苗，发芽温度为5～30℃，适宜温度10～25℃。一般7—8月开花，8—9月成熟。一株有数万粒种子，种子细小，可随风向外传播。被牲畜整粒吞食的种子，排出体外仍能发芽。上海市农业科学院、青海省农林科学院、沈阳化工研究院1979年研究藜种子不同播种期至发芽和发芽高峰期所需天数，2—6月，随着时间的后移，其发芽和发芽高峰期所需要的天数依次缩短；同时研究了藜种子在青海、沈阳和上海三个地区休眠萌发情况，由于气候条件的不同其休眠萌发存在明显差异，种子在土中发芽深度为2～4 cm，深层不得发芽的种子，能保持发芽力10年以上。

**5. 马齿苋**（*Portulaca oleracea* L.）　马齿苋别名马齿菜、蚂蚱菜、马舌菜，属马齿苋科一年生草本。由茎部分枝四散，全株光滑无毛，肉质多汁，叶互生，有时对生，叶柄极短，叶片倒卵状匙形，基部广楔形，先端圆或半截或微凹，全缘。花腋生、成簇。苞片4～5片，萼片2个，花瓣5枚，黄色。雄蕊8～12枚，雌蕊1枚，子房半下位。蒴果盖裂，种子细小（图1-32和彩图32）。

图1-32　马齿苋

马齿苋极耐旱，拔下的植株在强光下暴晒数日不死，遇上降雨可以复活。发芽温度为20～40℃。上海市农业科学院植物保护研究所研究了马齿苋种子在上海农田，一年内各月休眠萌发情况，多数 5—6 月出苗，7—8 月开花，8—9 月成熟。一株有种子数千粒至上万粒；其再生力强，除种子繁殖外，其断茎能生根成活。

**6. 附地菜**［*Trigonotis peduncularis*（Trev.）Benth.］ 附地菜别名鸡肠草，属紫草科越年生或一年生草，原产欧亚温带地区，在中国东北、华东、华南地区都有分布，多生于荒地及灌丛间。喜光，耐旱，对土壤要求不高。株高 10～38 cm。茎通常自基部分枝，纤细，直立，或丛生，具平伏细毛。叶互生，匙形、椭圆形或披针形，长 1～3 cm，宽 5～20 mm，先端圆钝或尖锐，基部狭窄，两面均具平伏粗毛；下部叶具短柄，上部叶无柄。总状花序顶生，细长，不具苞片；花通常生于花序的一侧，有柄，长 3～6 mm；花萼长 1～2.5 mm，5 裂，裂片长圆形，先端尖锐；花冠蓝色，长约 1.5 mm，5 裂，裂片卵圆形，先端圆钝；雄蕊 5 枚；子房深 4 裂，花柱线形，柱头头状。小坚果三角状四边形，具细毛，少有光滑，有小柄（图 1－33 和彩图 33）。花期 5—6 月。附地菜因其茎铺散而得名，繁殖方式为播种繁殖。

图 1－33 附地菜

**7. 打碗花**（*Calystegin hederacea* Wall.）　打碗花又名打碗碗花、小旋花、面根藤、狗儿蔓、葍秧、斧子苗，是旋花科植物。与喇叭花相似，但非同一种植物，属旋花科多年生草质藤本。嫩根白色，枝脆易断，较粗长，横走。茎细弱，长 0.5～2 m，匍匐或攀缘。叶互生，具长柄；叶片三角状戟形或三角状卵形，侧裂片展开，常再 2 裂。花单生于叶腋；花萼外有 2 片大苞片，卵圆形；花蕾幼时完全包藏于内。萼片 5 枚，宿存。花冠漏斗形（喇叭状），口近圆形微呈五角形。与同科其他常见种相比花较小，粉红色，喉部近白色。子房上位，柱头线形 2 裂（图 1－34 和彩图 34）。蒴果卵圆形。种子倒卵形。在我国大部分地区不结果，以根扩展繁殖。

图 1－34　打碗花

**8. 萝藦**［*Metaplexis japonica*（Thunb.）Makino］　萝藦别名白环藤、奶浆藤、浆壳、婆婆针线，属于竹桃科萝藦属多年生草质藤本植物，分布于日本、朝鲜、俄罗斯和中国；在中国分布于东北、华北、华东和甘肃、陕西、贵州、河南和湖北等地。生长于林边荒地、山脚、河边、路旁灌木丛中。萝藦有块根，全株有乳汁；叶对生，呈卵状心形，顶端渐尖，无毛；花冠白色，有粉红色内沟和柔毛；萝藦的种子在果实内部环绕一根中轴排列，当果实裂开时，就像放开了压缩的弹簧，展开的绢毛带着轻小的种子“涌”出果壳，随风移动。茎圆柱形，有条纹。叶对生，卵状心形，长5～10 cm，宽3～6 cm，顶端渐尖，背面粉绿色、无毛；叶柄长2～5 cm，顶端有丛生腺体。总状式聚伞花序腋生，有长的总花梗；花萼有柔毛；花冠白色，近辐状，内面有柔毛；副花冠杯状，有5个浅裂；花柱延伸成线状，长于花冠，柱头2裂（图1-35和彩图35）。花期7—8月，果期9—10月。

图1-35 萝 藦

**9. 蒺藜**［*Tribulus terrestris* L.］ 蒺藜别名硬蒺藜、蒺骨子、刺蒺藜。是蒺藜科蒺藜属草本植物，在全球热带、亚热带和温带干旱地区均有分布，中国各地均有分布。蒺藜喜欢温暖湿润气候，耐干旱，怕涝，以阳光充足，疏松肥沃、排水良好的沙质土壤为宜。茎的基部分枝，平卧地上，全株密生丝状柔毛；叶对生，偶数羽状复叶，下面长满白色伏毛；花单生叶腋，两性；果实为分裂果，由4～5个不开裂、带刺的心皮组成。花期5—8月，果期6—9月。蒺藜的刺触伤人，疾而且利，故名蒺藜。

蒺藜一般用种子繁殖别属蒺藜科一年生草本，全体被绢丝状柔毛。茎自基部分枝，平卧地面，长可达1 m左右。羽状复叶互生或对生；小叶5～7对，长椭圆形，先端尖锐或钝，基部稍偏斜，近圆形，小而尖。花单生于叶腋；萼片5个；花瓣5枚，黄色；雄蕊10枚，5长5短；子房上位，5室，柱头5裂（图1-36和彩图36）。花期6—7月，果实8—9月。

图1-36　蒺　藜

**10. 平车前**［*Plantago depressa* Willd.］　平车前属于车前科车前属的1年生或2年生草本植物，在中国分布广泛，遍及各地，在朝鲜、俄罗斯、印度等国也有分布。直根长，具多数侧根，根茎短；叶基生呈莲座状，叶片大多为椭圆形；花序梗有纵条纹，花萼、花冠无毛；蒴果卵状椭圆形至圆锥状卵形；种子为椭圆形；花期5—7月；果期7—9月。平车前耐寒、耐旱、适应性强，对土壤要求不严，在温暖、潮湿、向阳、沙质沃土上能生长良好，大都生于海拔5～4 500 m的草地、河滩、沟边、草甸、田间及路旁。平车前的繁殖方式一般为种子繁殖。主茎圆锥形；叶基生，椭圆形、椭圆状披针形或卵状披针形，有柔毛或无毛，边缘有远离小齿或不整齐锯齿，基部渐狭而成叶柄；穗状花序细长，花小，淡绿色；苞片三角状卵形，与花萼近等长；花萼裂片椭圆形；花冠裂片椭圆形或卵形；雄蕊4枚，外漏；蒴果圆锥状，含种子4～5粒，多为长圆形。花期4—5月。

**11. 大车前**［*Plantago major* L.］ 大车前，别名大车前草、大叶车前，车前科车前属多年生草本植物。分布欧亚大陆温带及寒温带，在世界各地均有分布。生于草地、草甸、河滩、沟边、沼泽地、山坡路旁、田边或荒地，海拔2 800 m以内皆有分布。须根多数，根茎粗短；叶基生呈莲座状，平卧、斜展或直立；叶片草质、薄纸质或纸质，宽卵形至宽椭圆形；穗状花序细圆柱状，花无梗，花冠白色，无毛。胚珠12～40余个。蒴果近球形、卵球形或宽椭圆球形，长2～3 mm；种子卵形、椭圆形或菱形，长0.8～1.2 mm，具角，腹面隆起或近平坦，黄褐色；花期6—8月，果期7—9月；根状茎短粗，具多数须根。基生叶直立，叶片卵形或宽卵形，先端多圆钝，边缘波状或有不整齐锯齿；叶柄明显长于叶片。花茎直立，高8～12 cm，穗状花序占花茎的1/3～1/2；花密生，苞片卵形，较萼裂片短，二者均有绿色龙骨状突起；花萼无柄，裂片椭圆形；花冠裂片椭圆形或卵形（图1-37和彩图37）。蒴果椭圆形，花期6—9月，果期7—10月。

图1-37 大车前

**12. 问荆**（*Equisetum arvense* L.） 问荆别名笔头菜、骨节草、节节草、土笔，属于贼科木贼属蕨类植物，原产于热带，现今中国大部分省份均有分布，国外分布于日本、朝鲜、欧洲、北美洲等地区；常生于海拔0～3 700 m的林缘湿地、沙土地、草甸、溪边草丛，适应性强，喜光，耐寒、耐水湿。根茎为黑棕色；主枝绿色，分枝多，侧枝柔软纤细，扁平状；果实为黄棕色。花期8—9月，果期9—10月。

问荆通过孢子囊飞出孢子进行繁殖。株高30～60 cm。根状茎横生地下，黑褐色。地上气生的直立茎由根状茎上生出，细长，有节和节间、节间通常中空，表面有明显的纵棱。有能育茎和不育茎之分。能育茎（生殖枝）无色或带褐色，春季由根状茎上生出，单生无分枝，顶端生有1个像毛笔头似的孢子叶穗。不育茎（营养枝）绿色多分枝，每年春末夏初当生殖枝枯萎时，从地上茎上长出。叶退化为细小的鳞片状，在节上轮生，基部相纰连形成管状或漏斗状并具锯齿的鞘筒，包裹在茎节上。张宏军等（2002）发现问荆根茎的节数越多，节长越长则其营养体越大，这样其发生的芽越长，而且也越壮。试验发现，一定温度下的总芽长随着节数的增加而增长。同样问荆的节数越多，则其芽原基和根原基的数量越多，所以其发芽和生根的数目也越大。问荆根茎萌发受培养温度的影响很大，在较低温度下可以萌发（7.2 ℃），在较高温度下（32 ℃）也可以萌发，但无论在低温条件下还是在较高温度下其萌发率都比较低，只是在25 ℃左右问荆根茎的萌发率才达到最高。因此，可以认为其萌发的最适温度在25 ℃。25 ℃下培养二年生问荆根茎全都萌芽、出土。水培（pH为7.04、温度为25 ℃）问荆的地下球茎，发现球茎可以作为繁殖材料萌芽。

**13. 野西瓜苗**（*Hibiscus trionum* L.）　野西瓜苗，别名小秋葵、香铃草、山西瓜秧、野芝麻、打瓜花，是锦葵科木槿属1年生草本，分布于中国各地及日本、朝鲜、俄罗斯、北美洲等地；在路旁、田埂、荒坡、旷野等处常见。株高20～70 cm；根常平卧，稀直立；茎柔软，被白色星状粗毛；茎下部叶圆形，不裂或稍浅裂，两侧裂片较短，裂片倒卵形或长圆形，常羽状全裂，上面近无毛或疏被粗硬毛，下面疏被星状粗刺毛；花单生叶腋；线形，被长硬毛，基部合生；花萼钟形，淡绿色，三角形，具紫色纵条纹，花冠淡黄色，内面基部紫色，倒卵形；蒴果长圆状，果皮薄，黑色；种子肾形，黑色，具腺状突起；花期 7—9 月。适生于湿润肥沃的土壤中，但也较耐旱，4 月底至 5 月初出苗，6—7 月生长旺盛，8 月开花结籽，9 月种子成熟。野西瓜苗用种子繁殖。茎直立，高 30～60 cm，多分枝，基部的分枝常铺散，具白色星状粗毛。叶互生，具长柄；叶片掌状3～5 全裂或深裂；裂片倒卵形，通常羽状分裂，两面有形状粗刺毛。花单生于叶腋；小苞片 12 片，条形；花萼钟状，裂片 5 片，膜质，有绿色条棱，棱上有紫色疣状突起；花瓣 5 枚，白色或淡黄色，内面基部紫色（图 1－38 和彩图 38）。

图 1－38　野西瓜苗

**14. 萹蓄**［*Polygonum aviculare* L.］　萹蓄别名乌蓼、地蓼，属蓼科一年生草本。广泛分布于北温带，在中国各地都有分布。生长于海拔 10～4 200 m 的田边路、沟边湿地。茎平卧、上升或直立，高 10～40 cm，自基部多分枝，具纵棱。叶椭圆形，狭椭圆形或披针形，长 1～4 cm，宽 3～12 mm。花单生或数朵簇生于叶腋，遍布于植株，瘦果卵形。花期 5—7 月，果期 6—8 月。高 10～40 cm，常有白粉；茎丛生，匍匐或斜生，绿色，有沟纹，叶片线形至披针形，长 1～4 cm，宽 6～10 cm，顶端钝或急尖，基部楔形，近无柄；托叶鞘膜质，下部褐色，上部白色透明，有明显脉纹。花 1～5 朵簇生叶腋，露出托叶鞘外，花梗短，基部有关节；花被 5 深裂，裂片椭圆形，暗绿色，边缘白色或淡红色；雄蕊 8 枚；花柱 3 裂。瘦果卵形，长 2 mm以上，表面有棱，褐色或黑色，有不明显的小点（图 1－39 和彩图 39）。花果期 5—10 月。

图 1－39　萹　蓄

秦启娟等（2022）研究发现，萹蓄同一植株能够产生黄褐色和黑褐色两种形态的种子，种子萌发具有不同的行为。黄褐色种子萌发率高，萌发温度范围广，温度越高萌发速度越快，而黑褐色种子具有非深度生理休眠特性，萌发所需的温度范围较窄，具有“谨慎”的萌发策略。划破种皮和低温层积处理可以有效破除萹蓄黑褐色种子的休眠。花被对黄褐色种子的萌发无影响。萹蓄两种异型种子的萌发物候不同步，子叶寿命不同，黄褐色种子萌发早，快速萌发，子叶留存时间长，黑褐色种子萌发晚，持续萌发，子叶留存时间短。黄褐色种子较黑褐色种子早萌发 8 d，黄褐色种子和黑褐色种子萌生幼苗子叶留存时间分别为 56 d 和 39 d，黄褐色种子幼苗子叶的长度和宽度均大于黑褐色种子，两种异型种子幼苗具有不同的生物量及分配模式。黄褐色种子幼苗的地上地下生物量积累均大于黑褐色种子幼苗；黄褐色种子幼苗主要将生物量转移到地上部分，而黑褐色种子则相反。萹蓄种群密度在5月前基本呈增长趋势，共出现3次死亡高峰期。第1次死亡高峰期出现在第Ⅱ龄级；7月的高温天气加速了土壤水分蒸发，水分的丧失引发种群自疏，第Ⅷ龄级出现第2次死亡高峰期；第3次死亡高峰期为第Ⅻ龄级，属于正常死亡。萹蓄种群存活曲线属于Deevey－Ⅲ型，呈凹形，幼苗的早期生长阶段死亡率较高，9月之后趋于稳定。

**15. 田旋花**（*Convolvulus arvensis* L.） 田旋花又称箭叶旋花，属旋花科旋花属多年生草本植物，由于具有耐瘠薄、耐旱、耐盐碱的特性，非常适应极端干旱气候、土壤盐渍化及土地贫瘠的生存环境，且具有强大的繁殖和再生能力，为世界十大恶性杂草之一。田旋花可通过根状茎和种子快速繁殖，发生范围广、危害面积大（图1－40和彩图40）。种子繁殖是田旋花种群扩散的主要途径之一。田旋花单株结籽量25～550粒，花期只有1 d。种子萌发的温度范围较广，0.5～40 ℃条件下其种子均可萌发，且最适发芽温度为恒温20～30 ℃或变温30 ℃/20 ℃和35 ℃/20 ℃（高温8 h、低温16 h）；当温度达45 ℃时，田旋花种子不能正常萌发。

图1－40 田旋花

王颖等（2019）研究结果表明：新疆地区阿拉尔市、新和县田旋花种子在 5～50 ℃恒温范围内，随着温度的升高发芽率先升高后降低；田旋花种子最低发芽温度为 5 ℃，当温度上升到30～40 ℃，两个县（市）的田旋花种子发芽率均达到最大值，种子在15 ℃/5 ℃～45 ℃/35 ℃的变温条件下均可发芽，且当温度为 40 ℃/30 ℃时发芽率最高。盐碱胁迫可降低田旋花种子的发芽率，当 NaCl 浓度大于 300 mmol/L 或 $NaHCO_3$ 浓度大于 250 mmol/L时，两地的田旋花种子不能萌发。同时，田旋花种子的萌发受水势的影响较大，随着水势的增加，田旋花种子的发芽率逐渐降低。当水势达－0.6 MPa 时，新和县田旋花种子已不能萌发；当水势达到－1.0 MPa 时，阿拉尔市田旋花种子的萌发率仅为 2%。pH 为 5～10 时，两地的田旋花种子均能正常萌发。

**16. 苘麻**（*Abutilon theophrasti* Medicus）　苘麻是锦葵科 1 年生杂草，危害花生、玉米、大豆等作物，通过竞争光照、水分和养分而造成作物减产。茎枝被柔毛。叶圆心形，边缘具细圆锯齿，两面均密被星状柔毛；叶柄被星状细柔毛；托叶早落。花单生于叶腋，花梗被柔毛；花萼杯状，裂片卵形；花黄色，花瓣倒卵形。蒴果半球形，种子肾形，褐色，被星状柔毛（图 1－41 和彩图 41）。花期 7—8 月。

图 1－41　苘　麻

苘麻结籽量大，种子活力高，防控难度较大。近年来，农田耕作制度改变和除草剂单一使用，使杂草群落的演替加快，目前苘麻的发生和危害处于上升态势，已逐渐成为花生田的恶性杂草，尤其在新疆产区发生最为多见。国内外学者对苘麻种子的休眠及萌发进行的研究发现，低温处理及 60 ℃温水浸种与赤霉素浸种结合处理均可以有效地打破苘麻种子的休眠。苘麻种子为需光型种子，适宜其萌发的温度为 15～30 ℃、pH 为 4～8。

**17. 短毛酸浆**（*Physalis pubescens* L.） 短毛酸浆别名毛酸浆、洋姑娘、苦职。茄科洋酸浆属一年生草本，全体密生短柔毛。茎铺散状分枝，斜横扩张，高 20～60 cm。叶互生，具长茎。叶片卵形或卵状心形，边缘有不等大的齿。花单生于叶腋，花梗弯垂。花萼钟状，先端 5 裂。花冠钟状，直径 6～10 mm，淡黄色，5 个浅裂，裂片基部有紫色斑纹，具缘毛。雄蕊 5 枚，花药黄色。浆果球形，被膨大的宿萼所包围，宿萼椭圆状卵形或宽卵形，基部稍凹入。种子倒宽卵形。由种子繁殖，长江以南各地较多，5—6 月出苗，7—8 月开花，8—9 月成熟。

**18. 曼陀罗**（*Datura Stramonium* L.） 曼陀罗别名醉心花、狗核桃、醉仙桃、疯茄儿、南洋金花、山茄子、风茄花，属于茄科曼陀罗属一年生热带草本植物，广布于世界各地，茎粗壮直立，圆柱形，株高 50～150 cm，光滑无毛，有时幼叶上有疏毛。上部常呈二叉状分枝。叶互生，叶片宽卵形，边缘具不规则的波状浅裂或疏齿，具长柄。脉上生有疏短柔毛。花单生在叶腋或分叉处；花萼 5 齿裂筒状，花冠漏斗状，白色至紫色。蒴果直立，表面有不等长的硬刺，卵圆形。种子稍扁肾形，黑褐色（图 1－42 和彩图 42）。花果期 6—10 月。

图 1-42　曼陀罗

# 第二章 花生田杂草的分布与发生规律

由于各个花生产区所处地理位置、气候条件及耕作制度、地势、土质不同，杂草的种类、数量存在明显差异，发生亦有不同特点。

## 第一节　我国花生草害区的划分

根据2018—2023年对我国主要花生产区的草害调查结果，将我国主要花生草害区划分为黄淮海花生草害区、东北花生草害区、长江中下游花生草害区、华南热带花生草害区、西北花生草害区、黄土高原花生草害区、云贵高原花生草害区7个区。

### 一、黄淮海花生草害区

该区域以山东、河南、河北中南部、安徽北部、江苏北部为主，是我国最主要的花生产地，该区域面积占我国花生面积的50％左右。由于花生播种与生长期间常常遇上雨季，杂草生长茂盛，对花生造成危害较重。这一区域草害面积达95.0％，中等及以上危害面积为85.0％，如果不防除，花生产量损失影响巨大，甚至绝收。该区域主要杂草优势种有牛筋草、反枝苋、马唐、藜、马齿苋、刺儿菜、铁苋菜、狗尾草等，在河南南部、安徽北部、山东南部产区有香附子危害，在该区域的滨海盐碱地区域有芦苇等严重危害。该区域为一年二熟或二年三熟，有明显的冬季作物和冬季杂草。

## 二、东北花生草害区

东北花生草害区南起河北北部与辽宁边界，北到黑龙江和西北吉林交界处。主要产区位于辽宁省和吉林省，该区域约占全国花生面积的15%。主要杂草有稗草、狗尾草、马唐、苍耳、反枝苋、藜、铁苋菜、苘麻、马齿苋9种，在花生全生育均有发生。主要杂草群落有铁苋菜＋马唐＋藜、马齿苋＋马唐＋铁苋菜。该区是我国温带的南缘，作物一年一熟，都是春夏播作物，没有冬季杂草危害，区域内杂草种类相对较少，由于夏季气温不高，一些喜暖杂草如香附子、狗牙根、牛筋草、绿苋、画眉草等较少，唯铁苋菜危害较我国其他地区严重。

## 三、长江中下游花生草害区

该区也是我国花生重要产区之一，地理区域包括四川、湖北、湖南、安徽南部、江苏南部、浙江北部、江西北部等地，该区域约占全国花生面积的15%。该区杂草主要属亚热带杂草，草害面积达到85%，中等以上危害面积55%，主要杂草有马唐、千金子、稗草、碎米莎草、香附子、马齿苋、空心莲子草等。该区域香附子和空心莲子草发生普遍。

## 四、华南热带花生草害区

该区域包括广东、广西、福建、江西南部、贵州南部等地，面积约占全国花生面积的15%，该区地处亚热带及热带，花生生育季节气温高，降水量多，草害严重。据广西来宾和广东广州调查，草害面积达94%，中等以上危害面积达60%，主要杂草有马唐、牛筋草、青葙、稗草、胜红蓟、香附子、绿狗尾、碎米莎草、野花生等。主要杂草群落有马唐＋稗草＋青葙、牛筋草＋稗草＋马唐、香附子＋马唐＋青葙、碎米莎草＋牛筋草＋马唐、绿狗尾＋马唐＋青葙、青葙＋马唐＋稗草。

## 五、西北花生草害区

该地区主要以新疆为代表，花生种植面积较小，约占我国花生种植面积的1%，该区域杂草以马唐、稗草、牛筋草、反枝苋、藜、龙葵、马齿苋、苘麻、田旋花等为主，其中龙葵发生普遍且难以防除。

## 六、黄土高原花生草害区

该区域花生种植集中在晋中、晋南和陕西，约占我国花生面积的2%。该区降水量少，气温和辽宁南部类似，花生草害危害面积64%，中等以上危害面积为30%，主要杂草有龙葵、藜，危害面积分别达12%、10%，出现频率分别为66%、90%。

## 七、云贵高原花生草害区

这一区域主要以云南和贵州为主，面积约占我国花生面积的2%，花生田杂草整体以马唐、稗草、反枝苋为主，部分地区空心莲子草、牛膝菊、莨草、小飞蓬、黄花酢浆草等发生严重。由于云贵高原区立体气候特征显著，各地区杂草种类不一，马唐、稗草发生普遍，部分地区野茼蒿、白苞猩猩草等外来入侵杂草发生严重，成为生产防除难题。

# 第二节　花生田杂草的分布特点

据调查，花生田杂草有70多种，分属24科，其中发生量较大、危害较重的主要杂草有马唐、狗尾草、牛筋草、狗牙草、白茅、反枝苋、马齿苋、刺儿菜、香附子等。不同地区、不同耕作栽培条件下，花生田杂草的分布有所不同。在同一草害区，花生田间杂草的种类和发生密度受气候、地势、土壤肥力、栽培制度、花生种植方式等多方面因素影响。

## 一、不同地块、地势对杂草分布的影响

不同的杂草在不同区域间具有明显的分布特点。具体到某一个具体的区域，杂草分布也有所不同。蒋仁棠等（1994）对黄淮海区域的山东花生田间杂草的区域分布进行了调查，发现胶东花生田的优势杂草为马唐，平均密度为73株/$m^2$；其次为牛筋草，平均密度50.8株/$m^2$；鲁西的优势杂草为马唐和铁苋菜，平均密度分别为28.2株/$m^2$和0.9株/$m^2$；鲁北的优势杂草为马唐和马齿苋，平均密度分别为113株/$m^2$和147株/$m^2$。鲁中南夏播花生田的优势杂草为马唐，出现频率为100%，平均密度为113株/$m^2$，总的趋势是由南向北，喜温、湿的杂草渐减，耐寒抗旱的杂草增多。

山东省花生研究所董炜博等（2001）研究发现，杂草的适应性非常强，从全省范围看花生田中发生的杂草种类并无明显差异，但由于受气候、海拔高度、土壤条件、耕作制度等因素的影响，不同产区、不同田块间杂草的种群组成又存在着一定的差别。沿海地区莎草发生的平均密度是内地的35.5倍，马唐、牛筋草、铁苋菜、苋菜等的分布密度也大于内地，而狗尾草、灰绿

藜等则相反。泊地的杂草密度大于丘陵，泊地中马唐和马齿苋的密度分别是丘陵地的 1.55 倍和 2.0 倍。

山东省花生研究所徐秀娟等（1990）对山东省的烟台、威海、青岛、临沂、泰安、日照 6 地 11 个重点花生生产县（市）的 158 块花生田的杂草种类及发生密度进行了调查，发现种群最大的为禾本科，共 16 种，占花生杂草种群的 22.5%；其次为菊科，9 种，占总种群的 12.6%；再次为蓼科、苋科、藜科和茄科。其中马唐、马齿苋等杂草在平泊地的发生密度较山丘地显著大，其密度比例分别为 1.6∶1 和 2∶1。喜肥水的杂草如车前子、苍耳、千金子等主要在平泊地发生，丘陵薄地则很少见。马唐、马齿苋、牛筋草、铁苋菜、苋菜、莎草、画眉草等杂草在沿海地区花生田的发生密度大于内陆地区花生田；而狗尾草、稗草、藜等的发生密度则内陆大于沿海。

周萍等（2017）在山东淄博市沂源、淄川选取有代表性的丘陵田块进行调查，在周村、高青选取有代表性的平原地块进行调查，发现丘陵山地的花生田因地貌复杂，作物种类多，杂草群落较为复杂。其中，马唐发生最为严重，其次为牛筋草、狗尾草、铁苋菜、反枝苋等。而平原地区杂草群落相对较简单，杂草种类以马唐、牛筋草、反枝苋为主，但平原地区湿度较大，杂草发生密度大，防除过程中也存在一定的困难，因而对平原地区的杂草应做到及时防除。

李儒海等（2017）认为，农田杂草群落处在人工频繁干扰的独特生境之中，其群落特征除了受气候条件、土壤类型、自然环境因素的影响外，还受到作物类型、耕作措施、轮作类型和除草剂种类等其他因素的作用。例如，湖北东北区雨量充沛、年均温较高，花生田土壤以粗沙壤为主，有机质含量较低，在该地区花生田调查到 70 种杂草，以鳢肠、马唐和火柴头为优势种，以铁苋菜、球柱草、青葙、胜红蓟、香附子和牛筋草为局部优势种。而鄂北地区降水较少、年均温较低，花生田土壤以细沙壤为主，有机质含量较高；在该地区花生田调查到41种杂草，以马唐、铁苋菜、火柴头和鳢肠为优势种，以旱稗、千金子、牛筋草、青葙和碎米莎草为局部优势种。

## 二、不同播种方式对杂草分布的影响

在同一地区，同一杂草一般在夏花生田发生密度大，春花生田发生密度少。徐秀娟（1990）的研究也证明了这一点，春播与夏播两个不同播种期相比较，夏播花生杂草密度较大，余种主要杂草均较春播田密度高。夏播田块中马唐和牛筋草的平均密度分别为3.09株/$m^2$和8.64株/$m^2$，而春播田中只有1.82株/$m^2$和1.20株/$m^2$。

周萍等（2017）研究表明，春花生种植区由于土壤为冬闲地块，种植时土壤翻耕，墒情较好，杂草发生特点为2个高峰期：第1个为花生苗期（5月中旬），这时土壤温度为15～25℃，土壤含水量为20%以上，这个温度和湿度适合花生田的主要杂草如牛筋草、反枝苋、皱果苋、小藜等的萌发，杂草萌发量占全田杂草萌发量的64.5%；第2个高峰期为花生下针期（6月上中旬），由于这一时期经过了一个相对的干旱时期，降雨比前一段时期增多，杂草萌发量占23.8%，杂草种类以马唐、牛筋草、反枝苋、鳢肠、香附子为主。夏花生杂草出土高峰期集中在6月中下旬，杂草种类主要有马唐、牛筋草、反枝苋、马齿苋、香附子等。

## 三、不同前茬对杂草分布的影响

研究发现，前茬不同，花生田杂草的分布也各异。如前茬为玉米茬田地中马唐、铁苋菜、狗尾草等较甘薯茬密度大，而牛筋草、马齿苋比甘薯茬密度小。徐炜民（2001）在江苏省海门市开展了油菜后茬花生田杂草防除研究，通过1995—1996年两年调查花生苗期主要杂草为残留油菜籽所长的油菜秧，在花生播后1个月内是油菜秧的生长高峰期。花生播后15 d，每0.11 $m^2$ 的油菜秧株数和鲜重分别为23.3株和21 g，占同期杂草总株数的72.4%、占总重量的80.2%；播后30 d每0.11 $m^2$ 的油菜秧株数占同期杂草总株数的67%，鲜重占总重量的74%。以后因气温高、干旱等因素，油菜秧生长开始放缓，逐步自然消亡；至播后45 d油菜秧死亡率达80%左右。而此时马唐、狗尾草、千金子等禾本科杂草生长迅速，占各类杂草总株数的73.8%，占总鲜重的75.2%，其余为铁苋菜、刺儿菜、婆婆纳等阔叶杂草；到播后60 d禾本科杂草密度及鲜重继续上升，分别占杂草总株数的83.8%，占总重量的86.7%，以后至花生收获田间一直保持这一草相。

## 四、不同种植模式对杂草分布的影响

不同的播种方式对花生田杂草的发生与分布也有一定影响，起垄播种可减少杂草密度，而平播比垄播杂草密度大。如马唐在平作田的发生密度为96.5株/$m^2$，在垄作田为79.0株/$m^2$。山东省花生研究所的许曼琳等（2015）在花生免耕（免耕秸秆还田）、深耕（翻耕秸秆还田）、传统耕作（翻耕清理秸秆）3种耕作方式调查发现：耕作模式对杂草的优势种没有明显影响；但耕作模式对杂草总密度影响较大，免耕、深耕、传统耕作杂草密度的比例约为2∶1.5∶1。另外，在覆膜栽培条件下杂草生态发生了新的变化，不但杂草出土高峰期来得早，而且杂草又困于膜下难以防除，因此，覆膜花生田易形成草荒。

# 第三节　花生田杂草的发生规律

花生田杂草的田间消长动态受温度和土壤水分等因素影响，一般是随着花生播种出苗，杂草也开始出土。春播露地栽培，因温度低，北方地区多数年份春季干旱，地表 5 cm 土层水分不足，影响杂草出土生长，出草高峰期出现较晚，一般要在花生播种后 1 个月以上。地膜覆盖栽培及麦套和夏直播花生，由于温度高，土壤水分较高，出草高峰期出现较早，一般在花生播种后 20～30 d。

## 一、黄淮海春播花生田杂草发生规律

曲明静等（2022）研究表明，青岛地区花生田杂草有 40 种，分属 16 个科，其中禾本科、菊科杂草发生种类最多，各为 8 种。马唐、稗草、牛筋草、反枝苋、藜、马齿苋是该地区优势杂草，狗尾草、醴肠、苣荬菜、鬼针草、小飞蓬、刺儿菜、铁苋菜、龙葵、香附子、野西瓜苗、小马泡在部分地区发生较重，为区域性优势杂草。在覆膜及不施用除草剂的情况下，田间共有 2 个杂草出土高峰，分别集中在 5 月中下旬、6 月下旬至 7 月初出土（图 2－1）。在自然混生状态下，田间杂草出土量在花生整个生长季节内呈单峰变化，杂草总数量在 6 月中旬达到峰值，6 月下旬后数量开始减少，但杂草生物量持续增加，竞争作用持续增强。在自然混生条件下，杂草发生总体呈单峰趋势。地膜下禾本科杂草萌发相对较早，从花生播种后 1 周内开始萌发出苗，发生数量也较阔叶杂草多，花生播种 2 周后，膜外杂草逐渐出土，杂草总数量一直保持上升趋势，禾本科杂草发生量增长较阔叶杂草高，并在 6 月上旬达到最大发生量，总体杂草密度达 490 株/$m^2$。

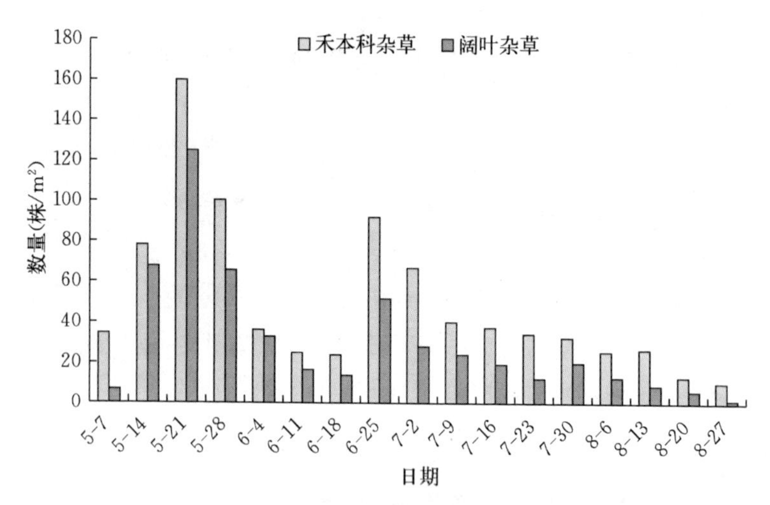


图 2-1　青岛花生田杂草出土规律

田间杂草种类多样，杂草株高 20～25 cm，各杂草生物量相对较小，占据空间不大。膜下已出土杂草生长受到抑制，鲜有新出土杂草，膜外已出土禾本科杂草生物量逐步积累，马齿苋、铁苋菜、醴肠等矮秆杂草生物量增长缓慢。从 6 月下旬开始，气温升高，降雨增多，杂草生长旺盛，形成以稗草、藜、反枝苋为优势杂草的群落，并遮蔽整个样点，使矮秆杂草严重缺少光照与生长空间，进而导致生长缓慢、萎蔫甚至死亡，使杂草总体数量逐渐降低，阔叶杂草数量降低尤为明显，至 8 月底，总体杂草密度降至 150 株/$m^2$左右（图 2-2）。

王睿文等（2007）对河北省杂草调查结果表明，杂草在花生整个生育期均发生危害。马唐、牛筋草、铁苋菜、稗草、狗尾草、马齿苋和莎草一般在 5—6 月出苗，6—7 月开花，8—9 月成熟。杂草危害高峰期集中在 6 月。调查发现，以马唐为代表的部分禾本科杂草在花生田有 2 个明显的出土高峰，第 1 个出土高峰在花生播后 10 d 左右，几乎与花生出苗同步，出草数占总出草

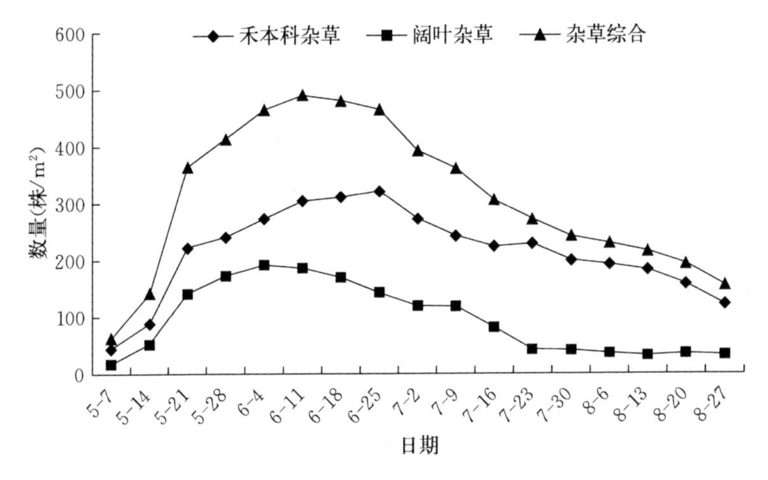


图 2-2　青岛花生田杂草消长规律

量的 15%左右；第 2 个出土高峰在花生播后的 30 d 左右，出草数占总出草量的 60%左右，其出土期一直延续到花生封行。狗尾草只有 1 个出土高峰，主要集中在花生播后的 10～15 d，一般出草量占总草数的 40%以上，出草期可延续到播后的 25～30 d。

据开封市农林科学研究所刘素玲等（1999）对开封地区麦套花生田调查，花生于 5 月 25 日套种，6 月 15 日为杂草始盛期，6 月 25—30 日达高峰，7 月 5 日为盛末期。

## 二、长江流域花生田杂草发生规律

李儒海等（2017）结果表明，湖北花生田中马唐、鳢肠、火柴头和铁苋菜对花生的危害最重，球柱草、青葙、牛筋草、旱稗、胜红蓟和香附子 6 种杂草在有些田块危害重，应作为防除重点。

孙继明等（2003）调查江苏泰兴的情况发现，麦套花生田杂草发生期长，从麦收后 8 d 开始出草到麦收后 60 d（花生封行）

出草结束，长达 53 d。期间有 2 个明显的出草高峰，分别在麦收 15 d 和 30～35 d。禾本科杂草的第 1 个出土高峰为 6 月 10 日左右（麦离田后 15 d）出土数占整个禾本科出土总数的 36.38%，是出土的主峰；第 2 个出土高峰为 6 月 25 日（麦离田后 30 d），出土数占总数的 15.07%。阔叶杂草的第 1 个出土高峰为 6 月 10—15 日，出土数占整个阔叶草出土总数的 50.55%；第 2 个出土高峰为 6 月 25 日，出土数占 13.08%。麦收后 35 d 累计出土量分别占总出土量的 83.88%～91.39%。

# 第三章 花生田杂草防除技术

目前，我国花生田杂草防除以化学防除为主，即喷施土壤封闭、茎叶处理除草剂，生产上常用方案为“一封一杀”或“一封二杀”，后期辅以机械耘耕或人工拔除，以此进行整个生育期的杂草治理。然而由于栽培制度改变、除草剂长期持续应用等因素导致的恶性杂草猖獗、抗性杂草发生等问题，单纯使用化学防除已不能满足部分地区花生田杂草防除的要求。合理运用农业防除、物理防除及生物防除等方法进行杂草的综合防控成为花生田杂草绿色、高效、可持续防除的理想方案。另外，随着我国水稻、玉米、大豆等多种转基因作物安全证书的颁发，耐除草剂作物的环境释放将改变传统除草剂的应用方式。基于转基因技术、基因编辑技术的耐除草剂花生种质的开发，将是我国花生田杂草防除的新方向。

## 第一节　化学防除技术

### 一、化学除草概况

化学防除是指利用化学物质（除草剂），通过喷洒、涂抹、撒施等方式进行杂草防除的方法。化学防除具有简便、快速、高效、经济等优势，是我国花生田杂草防除的主要方法。除草剂的频繁、重复使用，也会带来诸多问题。比如除草剂药害、环境污染、食品安全、杂草抗药性等问题。因此，在推广使用除草剂的同时，需要普及除草剂科学、合理的使用方法，将使用除草剂的负面影响降至最低。要科学、合理使用花生田除草剂，需要了解除草剂的作用原理、分类及花生田常见的除草剂品种。

## 二、花生田常见除草剂的选择性原理及作用机制

### 1. 选择性原理

除草剂在某一用量下对花生安全，而对杂草敏感的现象称为选择性。花生与杂草同时生长在田里，因此，除草剂必须具有特殊选择性或是利用某种方法获得选择性，这样才能安全在花生田应用。

花生田除草剂选择性原理大体有 3 个方面：① 时差选择性指某些对花生有较强毒性的除草剂，利用杂草和花生出苗期早晚的差异而形成的选择性。如灭生性除草剂草铵膦、草甘膦、敌草快等，在免耕花生田播种前喷施上述除草剂进行杂草灭茬，10～15 d 后，待杂草逐渐死亡且落入地面的除草剂失活或钝化后进行花生播种，此种方法既清除了田间杂草又不影响花生出苗生长。② 生理选择性指因花生和杂草的茎或根对除草剂吸收与传导的差异产生的选择性。例如，酰胺类土壤处理除草剂（如乙草胺、精异丙甲草胺、甲草胺等）经花生胚轴吸收后，并不向上传导至新生叶片，而是经杂草胚轴或胚芽鞘吸收后传导至整个杂草植株，进而导致杂草死亡。③ 生物化学选择性指利用除草剂在花生和杂草体内参与的生物化学反应的差异而产生的选择性。这种方式通常可产生较高的选择性，对杂草的防除效果好且对作物相对安全。如芳氧苯氧丙酸酯类除草剂，其作用靶标为质体型乙酰

辅酶A羧化酶（ACCase），催化乙酰辅酶A生成丙二酸单酰辅酶A，此反应是脂肪酸从头合成的第一步反应。该类除草剂在禾本科植物与阔叶植物间具有高度选择性，因为禾本科杂草质体型ACCase为同质型，阔叶植物质体ACCase为异质型，两种类型ACCase对此类除草剂敏感性差异极显著。

**2. 作用机制**

除草剂作用机制复杂，有些除草剂可能会涉及多个生理生化过程。目前，主要的作用机制包括抑制光合作用、破坏呼吸作用、抑制生物合成、抑制氨基酸合成、抑制脂肪酸合成、抑制微管形成。

（1）*抑制光合作用*　光合作用是绿色植物（包括藻类）吸收光能，将二氧化碳和水转化成有机物，同时释放氧气的过程，包括光反应和暗反应两个过程。除草剂常见的抑制光合作用的方式有阻断电子由 $Q_A$ 到 $Q_B$ 传递、抑制光和磷酸化反应、截获过渡到 $NADP^+$ 上的电子，花生田登记的除草剂中，灭草松为阻断电子由 $Q_A$ 到 $Q_B$ 传递，敌草快为截获过渡到 $NADP^+$ 上的电子，扑草净则可以同时干扰上述3个生化过程。

（2）*破坏呼吸作用*　植物的呼吸作用是在细胞线粒体上通过糖酵解和三羧酸循环将碳水化合物等基质氧化，通过磷酸化反应将产生的能量转化为ATP，供各种生命活动所需。目前已开发的除草剂尚无直接干扰糖酵解或是三羧酸循环的品种，主要是干扰氧化磷酸化反应，如早期的灭生性除草剂二硝酚钠、地乐酚等。

（3）*抑制生物合成*　抑制色素的生物合成，高等植物的色素主要是叶绿素和类胡萝卜素，叶绿素是植物进行光合作用时必需的催化剂，在光合作用的光吸收中发挥核心作用，类胡萝卜素在光合作用中可以保护叶绿色分子，防止其受到光的破坏。在叶绿素的合成中，原卟啉原氧化酶是一关键酶，催化原卟啉原Ⅸ形成原卟啉Ⅸ，二苯醚类（如乙羧氟草醚、乳氟禾草灵、氟磺胺草醚等）、环亚胺类（如噁草酮）除草剂可以抑制原卟啉原氧化酶活性，导致原卟啉原Ⅸ瞬间积累并泄漏至细胞质并氧化为原卟啉Ⅸ，在光下原卟啉Ⅸ产生高活性单线态氧分子，导致细胞膜结构解离，从而导致细胞死亡。该抑制过程需在光照条件下发生，因此，此类除草剂受光照影响明显。

（4）抑制氨基酸合成　氨基酸是植物蛋白质及含氮有机物生物合成的重要物质，氨基酸合成的受阻可导致蛋白质、核酸的代谢障碍，影响植物生长、发育，引起植物死亡。例如，灭生性除草剂草甘膦抑制5-烯醇丙酮酸基莽草酸-3-磷酸酯合成酶活性，阻碍苯丙氨酸、酪氨酸、色氨酸等芳族氨基酸生物合成；灭生性除草剂草铵膦抑制谷氨酰胺合成酶活性，阻碍谷氨酰胺合成；花生田部分选择性除草剂通过抑制植物支链氨基酸的合成达到除草目的，植物支链氨基酸为亮氨酸、异亮氨酸和缬氨酸，其合成的重要酶为乙酰乳酸合成酶或乙酰羟基丁酸合成酶，乙酰乳酸合成酶催化两分子丙酮酸合成乙酰乳酸，乙酰羟基丁酸催化一分子丙酮酸与α-丁酮酸合成乙酰羟基丁酸，可用于花生田的此类除草剂有甲咪唑烟酸、噻吩磺隆、氯酯磺草胺等。

（5）抑制脂肪酸合成　脂肪酸是植物各种脂类的基本结构成分，脂肪酸合成受阻会影响各种脂类的合成，最终导致细胞膜、细胞质膜或蜡质等的形成。芳氧苯氧基丙酸酯类、环己烯酮类除草剂可抑制植物乙酰辅酶A羧化酶活性，阻碍脂肪酸合成中起始物质乙酰辅酶A生成丙二酸单酰辅酶A，最终导致植物缓慢死亡。用于花生田防除禾本科杂草的茎叶处理除草剂高效氟吡甲禾灵、精喹禾灵、精吡氟禾草灵、烯禾啶、烯草酮属此类除草剂，是花生田防除禾本科杂草的常用除草剂。

（6）*抑制微管形成*　微管是真核细胞中的亚细胞结构，在高等植物中，纺锤体微管在细胞分裂中发挥重要作用。二甲戊灵、仲丁灵等二硝基苯胺类除草剂可显著抑制微管活动，此类除草剂与微管蛋白结合后抑制微管蛋白的聚合，导致纺锤体微管不能形成，进而使细胞有丝分裂停留在分裂前期或中期，产生异常的多行核。由于细胞极性丧失，液泡形成增强，在伸长区形成膨胀，表现为根尖肿胀。

## 三、花生田除草剂使用技术

花生田除草剂的使用方法比较简单，按照喷洒目标可分为土壤处理法和茎叶处理法，按照施药方式可分为喷雾法、涂抹法、覆盖除草药膜等方法。

**1. 土壤处理法**　土壤处理法即将除草剂施用至土壤的方法，又可根据施药时期的不同分为播前土壤处理，播后苗前土壤处理和苗后土壤处理。花生田播前土壤处理主要为混土处理，在花生播种前将除草剂施于土表，然后进行混土，将药剂均匀分散于浅土层。当药层中的杂草萌发时，接触药剂导致杂草死亡。此方法在新疆花生田应用较为广泛，在花生播种前利用自走式喷雾机将二甲戊灵喷洒至土壤表面，然后利用联合整地机进行整地，耙深10～15 cm，将药剂均匀分散于土壤中。此种方法的优点为：有效减少部分易光解、挥发除草剂的流失，例如氟乐灵、二甲戊灵、仲丁灵等，在一定程度上提高除草剂的利用率，延长除草剂持效期；在土壤墒情差的情况下，将除草剂施于土表，不利于除草剂向土表下分散，而混土处理可直接将药剂分散于土层中，使杂草萌发、出芽过程中充分接触药剂，提高杂草防效。但是，此种方法亦存在一些缺点：混土处理提高了药土层的厚度，降低了药土层药剂的浓度，其次，由于药剂被分散于较深土层，甚至可达花生种子层，在一定程度上降低了药剂对花生的安全性。

播后苗前土壤处理，花生播种后出苗前将药剂施于土表。目前，花生田土壤处理多采用此种方法，为保证除草剂药效充分发挥，宜在墒情良好、土壤湿润的条件下进行喷施除草剂，条件适宜条件下可利用播种—施药—覆膜一体播种机进行操作。播后苗前土壤处理，药土层药剂浓度较高，覆盖地膜后还可进一步提高除草效果。花生田常用土壤处理除草剂如酰胺类、二硝基苯胺类，苗后应用对花生安全性差，因此，花生田基本不使用苗后土壤处理法。

**2. 茎叶处理法** 茎叶处理法，指将除草剂直接喷洒到杂草茎、叶上的方法。按施药时期可分为播前茎叶处理和生育期茎叶处理。播前茎叶处理，通常是指在花生播种前，利用灭生性除草剂进行杂草灭茬处理，比如利用敌草快、草甘膦、草铵膦等茎叶处理除草剂喷洒杂草，等杂草死亡后再播种花生。注意避免使用具有土壤处理活性且对花生不安全的除草剂，草甘膦使用后需间隔 2 周再播种花生。生育期茎叶处理，指在花生生长期，根据杂草大小选择合适时期进行茎叶处理。通常在杂草叶龄 3～5 叶期进行处理，此时杂草较小，对除草剂更加敏感，除草效果更加理想。但不宜在杂草叶龄过小进行茎叶处理，因为叶龄过小，杂草出土不齐，可能会降低除草效果。生育期茎叶处理使用的除草剂应为对花生安全的选择性除草剂，部分除草剂使用不当可能会引起花生药害，例如乙羧氟草醚、氟磺胺草醚过量使用或在高温干旱条件下使用会导致花生叶片产生灼烧斑、甲咪唑烟酸过量使用会导致花生植株发黄矮化。

花生田除草剂一般使用喷雾法喷施，喷雾时段选择在每日 9:00 以前或 16:00 以后，避免在干燥、有风的气候条件作业。如果喷雾器械无法准确控制压力，土壤处理喷液量推荐 600 L/hm$^2$，茎叶处理喷液量推荐不高于450 L/hm²。若使用喷杆喷雾机等可准确控制喷雾压力的器械，土壤处理宜采用低压喷雾，喷雾压力0.2～0.3 MPa，喷雾雾滴直径300～400 μm，扇形喷头角度推荐110°，苗后处理采用高压喷雾，喷雾压力0.3～0.5 MPa，喷雾雾滴直径250～300 μm，扇形喷头角度推荐80°～90°。压力过高会使雾滴直径过小，导致挥发漂移损失严重，不但降低除草效果，而且提高了非靶标作物的药害风险。

## 四、花生田主要除草剂品种

截至2023年12月，我国在花生田共登记除草剂有效成分22种，分别为乙草胺、异丙甲草胺、精异丙甲草胺、丙炔氟草胺、二甲戊灵、乙氧氟草醚、氟磺胺草醚、氟乐灵、甲草胺、甲咪唑烟酸、精吡氟禾草灵、精噁唑禾草灵、灭草松、扑草净、乳氟禾草灵、噻吩磺隆、烯禾啶、乙羧氟草醚、仲丁灵、精喹禾灵、高效氟吡甲禾灵、噁草酸。其中，单剂产品240个，混剂产品83个。登记最多的土壤处理除草剂为乙草胺，有61个产品，其次为异丙甲草胺，有19个产品；登记最多的茎叶处理除草剂为精喹禾灵，有37个产品，其次为高效氟吡甲禾灵，有22个产品。

**1. 酰胺类除草剂**　酰胺类除草剂作用机理为抑制发芽杂草种子α-淀粉酶及蛋白酶活性，也可抑制胆碱渗入磷脂，干扰卵磷脂形成，使杂草在萌发阶段死亡。多数为选择性输导型土壤处理除草剂，由于禾本科杂草幼芽吸收除草剂的能力比阔叶杂草更强，所以此类除草剂防除禾本科杂草的效果优于阔叶杂草。在土壤中的持效期较短，为1～3个月，在植物体内降解速度较快，对高等动物毒性低。主要有如下几种：

（1）乙草胺　乙草胺［acetochlor，2-已基-6-甲基-N-

（乙氧甲基）-2-氯代乙酰替苯胺]，工业品为深黄色液体，不易挥发和光解，性质稳定，20 ℃时两年内不分解。在 20 ℃时，比重为 1.135 8。在 25 ℃时，水中溶解度为 223 mg/L。低毒，对人、畜安全，但对眼睛和皮肤有轻微刺激作用，大鼠急性经口 $LD_{50}$ 为 2 593 mg/kg，家兔急性经口 $LD_{50}$ 为 3 667 mg/kg。选择性输导型土壤处理剂，常见剂型为 50%、900 g/L 乳油，用于花生、棉花、大豆、玉米、马铃薯、油菜等多种作物田，花生田登记用量为有效成分 50～80 g/亩，防除马唐、狗尾草、牛筋草、稗草、千金子、看麦娘、野燕麦、早熟禾、硬草、画眉草等一年生禾本科杂草，对藜科、苋科、蓼科、鸭跖草、牛繁缕、菟丝子等阔叶杂草也有一定的防效，但是效果比对禾本科杂草差，对多年生杂草无效。乙草胺不易挥发光解，活性较高，配伍性好，可与多种除草剂混配使用，是我国花生田土壤处理的主要除草剂之一。但是，该药剂安全性欠佳，在低温、高湿、过量应用时易造成花生药害，其主要表现为花生主根粗短，次生根减少，覆膜花生田会表现为植株黄化、矮化症状。由于长期大量使用该药，造成部分地区杂草产生抗药性，提高除草效果，有农户随意加大使用剂量，不但增加了花生产生药害的风险，而且提高了乙草胺在花生荚果中的残留量。受花生荚果乙草胺残留限制，我国部分以出口为主的种植地区已限制乙草胺在花生田应用。

（2）异丙甲草胺　异丙甲草胺 [metolachlor，2-甲基-6-乙基-N-（1-甲基-2-甲氧乙基）-N-氯代乙酰基苯胺]，原药为无色液体，沸点 100 ℃/0.13 Pa。水中溶解度低，易溶于苯、二氯甲烷等有机溶剂。低毒，大鼠急性经皮 $LD_{50}>3\,170$ mg/kg，对兔皮肤有轻微刺激，对眼睛无刺激。选择性输导型土壤处理剂，常见剂型为 720 g/L、960 g/L 乳油，用于花生、大豆、玉米、油菜、洋葱、甘蓝、甘蔗、西瓜等多种作物田，花生田登记用量为有效成分 72～108 g/亩，防除牛筋草、马唐、千金子、狗尾草、稗草、马齿苋、藜、反枝苋等一年生杂草，对禾本科杂草防效高于阔叶杂草。配伍性好，可与多种除草剂混配使用。与乙草胺相比，除草活性略低，安全性较高。精异丙甲草胺（s-metolachlor）是将异丙甲草胺中的无效异构体去除，只保留 S-异丙甲草胺，提高了活性，减少了用量，在花生田推荐用量为有效成分 43～57 g/亩。

（3）甲草胺　甲草胺［alachlor，N-（2，6-二乙基苯基）-N-甲氧基甲基-氯乙酰胺］，原药为非挥发性奶油色结晶固体，熔点 40～41 ℃，沸点 100 ℃/0.02 mmHg，水溶解性 0.024 g/100 mL，在强碱、强酸条件下分解，常压下分解温度为 105 ℃，在土壤中可被微生物降解，不会残留而影响下茬作物。甲草胺低毒，大鼠急性经口 $LD_{50}$ 为 1 200 mg/kg，家兔急性经皮 $LD_{50}$ 为5 000 mg/kg，常见剂型为 43%、480 g/L 乳油，适用于花生田、大豆田、棉花田，与乙草胺相比，安全性更高，但是活性比乙草胺低，持效期比乙草胺短，杂草防效较差，宜在覆膜花生田使用，花生田推荐用量为有效成分 86～129 g/亩。

**2. 二硝基苯胺类除草剂**　二硝基苯胺类除草剂作用机制为抑制微管形成，阻碍细胞有丝分裂。此类除草剂多为触杀型土壤处理剂，杀草谱广，防除一年生禾本科及部分阔叶杂草，禾本科杂草主要吸收部位为胚芽鞘，阔叶杂草吸收部位为下胚轴，对禾本科杂草防效较阔叶杂草防效高。不影响杂草种子萌发，种子萌发后经幼芽、胚轴吸收后发挥作用。容易光解，宜在施药后混土处理或是在覆膜田使用。水溶性差，易被土壤吸附，不易淋溶，土壤中半衰期 2～3 个月，对大多数后茬作物安全。对人、畜低毒。主要有如下几种：

（1）氟乐灵　氟乐灵［trifluralin，2，6-二硝基-N，N-二

丙基- 4 -三氟甲基苯胺]，原药为橘黄色结晶，熔点 48.5～49 ℃，蒸气压 0.013 7 Pa（25 ℃），难溶于水，溶于二甲苯、丙酮等有机溶剂。对人畜低毒，大鼠急性经口 $LD_{50}$＞10 000 mg/kg，兔急性经皮 $LD_{50}$＞20 000 mg/kg。选择性触杀型土壤处理剂，常见剂型为 480 g/L 乳油，用于花生、棉花、大豆、豌豆、油菜、土豆、冬小麦、大麦等作物田，用于防除单子叶杂草和 1 年生阔叶杂草，如稗草、大画眉、马唐、狗尾草、蟋蟀草、早熟禾、千金子、牛筋草、看麦娘、野燕麦等。具有一定挥发性，容易光解，施用方法为播前混土处理，对鱼类高毒，对鸟类、蜜蜂低毒。花生田推荐用量为有效成分 48～72 g/亩。

（2）二甲戊灵　二甲戊灵［pendimethalin，N -（1 -乙基丙基）- 2，6 -二硝基- 3，4 -二甲基苯胺］，原药为橙色结晶状固体，熔点 54～58 ℃，蒸馏时分解，蒸气压 0.004 Pa（25 ℃），水中溶解度 0.3 mg/L（20 ℃），易溶于丙酮、二甲苯、苯、甲苯、氯仿、二氯甲烷等。5～130 ℃储存稳定，对酸、碱稳定，光下缓慢分解。对人畜安全，大鼠急性经口 $LD_{50}$ 1 250 mg/kg，对皮肤和眼睛无刺激，对鱼类及水生生物高毒，对鸟类、蜜蜂低毒。选择性触杀型土壤处理剂，常见剂型为 330 g/L 乳油、330 g/L微囊悬浮剂、450 g/L 微囊悬浮剂，用于花生、大豆、棉花、玉米、胡萝卜、大蒜、葱等作物田。二甲戊灵杀草谱广，与氟乐灵类似，对部分阔叶杂草防效高于乙草胺、精异丙甲草胺等酰胺类药剂，安全性高。与氟乐灵相比，光解、挥发较弱。由于水溶性差，不易淋溶，因此，在新疆土壤有机质含量低的地区常用此药，施药方式为在播前混土处理，花生栽培方式为不起垄覆膜打孔播种。为降低挥发和光解，有农药企业开发了二甲戊灵微囊悬浮剂剂型，一定程度上提高了在某些环境条件下的杂草防效。对鱼类高毒，对鸟类、蜜蜂低毒。花生田推荐用量为有效成分 50～68 g/亩。

（3）仲丁灵　仲丁灵（butralin，N-仲丁基-4-叔丁基-2，6-二硝基苯胺），原药为橘黄色晶体，略带芳香味，熔点 60～61 ℃，沸点 134～136 ℃/0.5 mmHg，蒸气压 1.7 MPa（25 ℃），溶解度水中 1 mg/L（24 ℃），易溶于丁酮、丙酮、二甲苯、苯、四氯化碳，265 ℃分解，光稳定性好，储存 3 年稳定，但不宜在低于 −5 ℃下存放。对人畜安全，大鼠急性经口 $LD_{50}$＞2 500 mg/kg。为选择性触杀型土壤处理剂，常见剂型为 48%乳油，用于花生、棉花、大豆、水稻、西瓜等作物田，其杀草谱、使用方式等与氟乐灵、二甲戊灵类似，登记企业不多，田间施用剂量高，在花生田应用不多，花生田推荐用量为有效成分 72～145 g/亩。

**3. 原卟啉原氧化酶抑制剂类除草剂**　此类除草剂作用机制为抑制杂草原卟啉原氧化酶（PPO），在光下发挥除草活性，是花生田防除阔叶杂草的主要品种，部分土壤处理除草剂对禾本科杂草亦有抑制效果。主要有如下种类：

（1）噁草酮　噁草酮［oxadiazon，5-叔丁基-3-（2，4-二氯-5-异丙氧基苯基）-3，4-二唑啉-2-酮］，原药为无色无味结晶，熔点 87 ℃，蒸气压＜0.1 MPa（20 ℃），20 ℃时水中溶解度为 1 mg/L 微溶于甲醇、乙醇、环己烷，易溶于甲苯、氯仿约。常温下储存稳定。毒性对人畜低毒。大鼠急性口服 $LD_{50}$＞8 000 mg/kg。急性经皮 $LD_{50}$＞8 000 mg/kg，对鸟、蜜蜂低毒。环状亚胺类选择性触杀型土壤处理剂，常见剂型为 120 g/L、250 g/L 乳油，登记于花生、水稻、棉花、葱、大蒜、向日葵等作物田，防除反枝苋、马齿苋、鸭舌草、节节菜、龙葵、矮慈姑、牛毛毡等一年生阔叶杂草及稗草、马唐、牛筋草、狗尾草等一年生禾本科杂草，对异型莎草、田旋花、打碗花等恶性杂草具有良好防效。在土壤中半衰期较长，为 3～6 个月，旱田持效期较长，可达60 d。多用于水稻田除草，在花生田用量过大、喷雾不均匀、降雨积水会引起药害，故不宜盲目加大用量施用。花生田推荐用量为有效成分25～37.5 g/亩。

（2）丙炔氟草胺　丙炔氟草胺［flumioxazin，N-（7-氟-3，4-二氢-3-氧-（2-丙炔基）-2H-1，4-苯并噁嗪-6-基］环己-1-烯-1，2-二羧酰亚胺），熔点202～204 ℃，蒸气压0.32 MPa（22 ℃），微溶于水、甲醇、丙酮等，在一般储存条件下稳定。对人畜低毒，大鼠急性经口 $LD_{50}$＞5 000 mg/kg，急性经皮 $LD_{50}$＞2 000 mg/kg，对皮肤无刺激作用，对兔眼睛有中等刺激作用，无慢性毒性。N-苯基肽酰亚胺类选择性触杀型土壤处理除草剂，常见剂型为50%可湿性粉剂、30%悬浮剂、50%悬浮剂等，登记用于大豆、甘蔗、棉花、玉米、花生、果蔬等，防除反枝苋、苘麻、藜、马齿苋、苍耳、萹蓄、蓼属等一年生阔叶杂草和马唐、牛筋草等禾本科杂草，对稗草、狗尾草、野燕麦、苣荬菜也具有一定的抑制作用。丙炔氟草胺水溶性低、土壤中降解速度快，对后茬作物安全。活性高，用量为有效成分3～4 g/亩，用量过大或降雨积水极易引起花生药害，表现为植株矮化、发黄。为提高对禾本科杂草防效同时降低丙炔氟草胺对花生的伤害，推荐低剂量丙炔氟草胺与乙草胺（或精异丙甲草胺）复配施用。

（3）乙氧氟草醚　乙氧氟草醚（oxyfluorfen，2-氯-4-三氟甲基苯基-3′-乙氧基-4′-硝基苯基醚），二苯醚类选择性触杀型土壤处理剂，亦有茎叶处理活性，用于花生、大蒜、水稻等作物田，可防除龙葵、猪殃殃、牛繁缕、繁缕、藜、马齿苋、曼陀罗、苘麻、反枝苋、凹头苋等阔叶杂草和看麦娘、稗草、牛筋草、千金子等一年生禾本科杂草。乙氧氟草醚水溶性极低，在土壤中移动性较小，持效期较长，花生田推荐用量为有效成分

9.6～14.4 g/亩。

（4）乙羧氟草醚　乙羧氟草醚［fluoroglycofen－ethyl，O－［5－（2－氯－α－α－α－三氯－对－甲苯氧基）－2－硝基苯甲酰基］羟基乙酸乙酯］，原药为深琥珀色固体，比重为1.01，熔点为64～65 ℃，蒸气压（25 ℃）133 Pa，溶解度：（g/L，25 ℃）水中0.000 1，一般储存条件下稳定。大鼠急性经口 $LD_{50}$ 均大于1 500 mg/kg，兔急性经皮 $LD_{50}$＞5 000 mg/kg，对皮肤和眼睛有轻微刺激作用。二苯醚类选择性触杀型茎叶处理剂，常见剂型为 10%乳油、20%乳油，用于花生、大豆、小麦等作物田，防除反枝苋、藜、龙葵、铁苋菜、鸭跖草、大蓟等阔叶杂草，对马齿苋特效，对大龄苘麻基本无效。作用速度快，施药当天杂草即出现水渍状萎蔫，药后 3 d 多少杂草即可干枯。由于该药不具有传导性，因此，若杂草叶龄偏大，易导致杀草不彻底，出现复活现象。活性高，花生田推荐用量为有效成分 4～6 g/亩。用量过大或气温偏高易导致花生叶片出现灼伤斑点，但不影响新生叶片及植株后续生长。

（5）氟磺胺草醚　氟磺胺草醚［fomesafen，5－（2－氯－α，α，α－三氯对甲苯氧基）－N－甲磺酰基－2－硝基苯甲酰胺］，原药为无色结晶固体，熔点 220～221 ℃，密度 1.28 g/$cm^3$（20 ℃），蒸气压＜0.1 MPa（约 50 ℃）。溶解性：在水中＞600 g/L（pH＝7，20 ℃），丙酮中 300 g/L，环己酮中 150 g/L，二氯甲烷中 10 g/L，己烷中 500 mg/L，二甲苯中 1.9 g/L。对人畜低毒，大鼠急性经口 $LD_{50}$ 1 250～2 000 mg/kg，兔急性经皮 $LD_{50}$＞1 000 mg/kg，对大鼠皮肤和眼睛有中等刺激作用。二苯醚类选择性触杀型茎叶处理剂，亦有土壤处理活性，常见剂型为 250 g/L 水剂，用于花生、大豆防除阔叶杂草，杀草谱及除草性能与乙羧氟草醚类似。由于其持效期较长，又具有土壤处理活性，对后茬作物如水稻、油菜、高粱等会产生残留药害。花生田推荐用量为有效成分10～12.5 g/亩。

(6) 三氟羧草醚 三氟羧草醚 [acifluorfen，5-(2-氯-2，2，2-三氟-对甲苯氧基)-2-硝基苯甲酸]，原药为浅黄色固体，熔点240 ℃，沸点422 ℃，蒸气压 $0.01\times10^{-3}$ kPa (20 ℃)，水中溶解度120 mg/L (23～25 ℃)，丙酮中溶解度为600 g/kg (25 ℃)。50 ℃条件下储存2个月稳定，在酸、碱环境下稳定。对人畜低毒，大鼠急性口服 $LD_{50}$ 为1 540 mg/kg，家兔急性经皮 $LD_{50}$ >3 680 mg/kg，对眼睛和皮肤有中等刺激作用，对鸟类、鱼类低毒。二苯醚类选择性触杀型茎叶处理剂，无土壤处理活性，常见剂型为21.4%、24%可溶液剂或水剂，用于花生、大豆田防除阔叶杂草，杀草谱及除草性能与乙羧氟草醚类似。

(7) 乳氟禾草灵 乳氟禾草灵 [lactofen，2-硝基-5-(2-氯-4-三氟甲基苯氧基)苯甲酸-1-(乙氧羰基)乙基酯]，原药为棕色至深褐色液体，熔点44～46 ℃，蒸气压 $9.3\times10^{-6}$ Pa (20 ℃)，水中溶解度<1 mg/L (20 ℃)，对人畜安全，大鼠急性经口 $LD_{50}$ >5 000 mg/kg，急性经皮 $LD_{50}$ >2 000 mg/kg。二苯醚类选择性茎叶处理剂，主要为触杀作用，兼有一定内吸活性，常见剂型为240 g/L乳油，用于花生、大豆田防除阔叶杂草。对田旋花、刺儿菜、鸭跖草的防效较氟磺胺草醚、乙羧氟草醚等二苯醚药剂效果更好。花生田推荐用量为有效成分4.8～7.2 g/亩。

**4. 乙酰辅酶A羧化酶抑制剂类除草剂** 此类除草剂通过抑制乙酰辅酶A羧化酶活性阻碍脂肪酸的合成，导致植物逐渐死亡。仅对禾本科杂草有效，施药后杂草逐渐停止生长，施药7 d左右杂草开始表现黄化、叶片干枯等受害症状，药后2周左右逐渐死亡，是花生田防除禾本科杂草的主要药剂。其特点为：有较强的茎叶吸收活性，基本以茎叶处理为主，此类化合物在丙酸部位存在手性碳，存在同分异构体，有效体为R体，药剂名称多以“精-”“高效-”加以区分，在环境中降解速度快，多数药剂不存在后茬残留问题，长期持续使用此类药剂，容易导致杂草抗药性。花生田常用的此类除草剂，根据结构可分为两大类，分别为芳氧苯氧基丙酸酯类、环己烯酮类。主要有如下种类：

（1）精喹禾灵　精喹禾灵｛quinofop－P－ethyl，（R）－2－［4－（6－氯喹喔啉－2－基氧）苯氧基］丙酸乙酯｝，原药为淡褐色结晶，熔点76～77℃，沸点220℃/26.6 Pa，蒸气压110 mPa（20℃），水中溶解度0.4 mg/L（20℃），易溶于甲苯，pH为9时半衰期20 h，酸性中性介质中稳定，碱中不稳定。对人畜安全，大鼠急性经口$LD_{50}$为1 210～1 182 mg/kg。本品对眼睛和皮肤无刺激性，对皮肤无致敏性。芳氧苯氧基丙酸酯类选择性内吸性茎叶处理剂，常见剂型为5%、10%乳油花生田防除禾本科杂草的常见药剂，可有效防除马唐、稗、牛筋草等多数禾本科杂草，安全性高，配伍性好，价格低廉。花生田推荐用量有效成分2～4 g/亩。

（2）高效氟吡甲禾灵　高效氟吡甲禾灵｛haloxyfop－R－Methyl，（R）－2［4－（3－氯－5－三氟甲基）－2－吡啶氧基-苯氧基］丙酸甲酯｝，芳氧苯氧基丙酸酯类择性内吸性茎叶处理剂，常见剂型为108 g/L乳油。12.5%乳油为橘黄色液体，比重0.966（20℃），沸点160℃，闪点29℃，乳化性好，常温储存稳定期2年以上。低毒，12.5%乳油对大鼠急性经口$LD_{50}$为2 179～2 398 mg/kg。花生田防除禾本科杂草的常见药剂之一，杀草谱与精喹禾灵相似。与精喹禾灵相比，高效氟吡甲禾灵对大龄禾本科杂草防效更高。5倍田间推荐剂量下与植物油助剂混配可有效防除芦苇。花生田推荐剂量为有效成分2.16～3.24 g/亩。

（3）精吡氟禾草灵　精吡氟禾草灵｛fluazifop－p－butyl，

(R)-2-[4-(5-三氟甲基-2-吡啶氧基)苯氧基]丙酸丁酯},原药为浅色液体,熔点约5℃,沸点164℃/0.02 mmHg,蒸气压0.54 mPa(20℃),密度1.22 g/mL(20℃),水中溶解度1 mg/L,溶于丙酮、己烷、甲醇、二氯甲烷、乙酸乙酯、甲苯和二甲苯,紫外光下稳定,25℃保存1年以上,50℃保存12周,210℃分解。对人畜安全,大鼠急性经口 $LD_{50}$ 为3 680 mg/kg,兔经皮 $LD_{50}$ >2 076 mg/kg,对眼睛、皮肤有轻微刺激作用,对鱼类中等毒性,对蜜蜂、鸟类低毒。芳氧苯氧基丙酸酯类择性内吸性茎叶处理剂,常见剂型150 g/L乳油,对牛筋草、芦苇、白茅防效较同类药剂略高,花生田推荐剂量为有效成分7.5~10 g/亩。

(4)烯禾啶　烯禾啶{sethoxydim,(±)-2-[1-(乙氧亚氨基)丁基]-5-(2-乙硫基丙基)-3-羟基-2-环己烯-1-酮},原药为油状无味液体,沸点>90℃/3×$10^{-5}$ mmHg,蒸气压<0.013 mPa,密度1.043 g/mL(25℃),溶解度水25(pH 4),4 700(pH 7)(mg/L,20℃),溶于大多有机溶剂,如丙酮、苯、乙酸乙酯、己烷、甲醇>1(kg/kg,25℃),一般储存条件下商品制剂至少2年稳定不变。低毒,大鼠急性经口 $LD_{50}$ 为4 000 mg/kg。环己烯酮类择性内吸性茎叶处理剂,常见剂型为12.5%乳油,杀草谱及除草性能与上述3种芳氧苯氧基丙酸酯类除草剂类似。花生田推荐剂量为有效成分10~12.5 g/亩。

**5. 其他类别除草剂**

(1)扑草净　扑草净(prometryn,4,6-双异丙胺基-2-甲硫基-1,3,5-三嗪),原药为灰白色粉末,熔点118~120℃,有臭鸡蛋味。在25℃时,水中溶解度为33 mg/L,易溶于有机溶剂。不燃不爆,无腐蚀性。土壤吸附性强。低毒,原药大鼠急性经口 $LD_{50}$ 为3 150~3 750 mg/kg,50%扑草净可湿性粉剂大鼠急性经口 $LD_{50}$ 为9 000 mg/kg。三氮苯类选择内吸传导型除草剂，常见剂型为25%、40%或50%可湿性粉剂，主要通过杂草根系吸收，也可通过茎叶吸收，抑制杂草的光合作用，致使杂草失绿死亡。一般用于土壤处理，兼有茎叶处理活性。防除反枝苋、马齿苋、铁苋菜、苍耳、野西瓜苗等阔叶杂草。扑草净对花生安全性略低，在有机质含量低、覆膜花生膜下高温等情况下，花生易出现药害。花生田推荐剂量为有效成分50～75 g/亩。

（2）灭草松　灭草松［bentazone，3-异丙基苯并-2，1，3-噻二嗪-4（3H）-酮2，2-二氧化物］，原药为无色晶体，熔点137～139 ℃，蒸气压0.46 MPa（20 ℃），密度1.47 g/mL，溶解度丙酮1 507 g/kg、苯33 g/kg、乙酸乙酯650 g/kg、乙醚616 g/kg、环己烷0.2 g/kg、三氯甲烷180 g/kg、乙醇861 g/kg、水570 g/kg（20 ℃），酸碱介质中不易水解，紫外光分解。常温下储存稳定期至少2年以上。低毒，大鼠急性经口 $LD_{50}$ 为1 750 mg/kg，急性经皮 $LD_{50}$＞5 000 mg/kg。苯并噻二嗪酮类选择性触杀型茎叶处理剂，常见剂型为480 g/L水剂或可溶液剂，抑制杂草光合作用，使生理机能失调而致死。用于大豆、花生、玉米、水稻、马铃薯等多种作物田，防除苍耳、荠菜、苘麻、鸭舌草、豚草等阔叶杂草及异型莎草、三棱草、香附子等莎草科杂草。对苘麻、苍耳的防效较二苯醚类除草剂高。施药后作用速度较慢，对花生安全性高。用药量大，施药成本偏高。花生田推荐剂量为有效成分72～96 g/亩。

（3）甲咪唑烟酸　甲咪唑烟酸［imazapic，（RS）-2-（4-异丙基-4-甲基-5-氧-2咪唑啉-2-基）-5-甲基烟酸］，原药为无臭灰白色或粉色固体，熔点204～206 ℃。蒸气压＜$1.0\times10^{-2}$ mPa（25 ℃）。水中溶解度（25 ℃）为2.15 g/L，丙酮中溶解度为18.9 mg/mL。对人畜低毒，大鼠急性经口 $LD_{50}$＞

5 000 mg/kg，兔急性经皮 $LD_{50}$＞2 000 mg/kg。大鼠急性吸入 $LC_{50}$（4 h）4.83 mg/L。对兔眼睛有中度刺激性，对兔皮肤无刺激性。无致畸、致突变。为咪唑啉酮类选择内吸型茎叶处理剂，常见剂型为 240 g/L 水剂，通过抑制乙酰乳酸合成酶（ALS 或 AHAS）活性阻碍支链氨基酸合成，进一步使细胞分裂受阻，引起植物死亡。作用速度较慢，施药后 7 d 左右杂草逐渐死亡。活性高、杀草谱广，可防除花生田大部分禾本科及阔叶杂草，对香附子特效，但不能杀死香附子地下块根、块茎。对花生安全性欠佳，用量过大会导致花生叶片发黄、植株矮化，但后期会恢复正常生长，一般不影响产量。具有土壤处理活性，在土壤中的残留时间长，对部分后茬作物不安全，如玉米、大豆、棉花，尤其是油菜、菠菜等叶菜类作物。花生田推荐剂量为有效成分 4.8～7.2 g/亩。

（4）噻吩磺隆　噻吩磺隆［thifensulfuron - methyl，3 -（4 -甲氧基- 6 -甲基- 1，3，5 -三嗪- 2 -基氨基羰基氨基磺酰基）噻吩- 2 -羧酸甲酯］，原药为无色无味晶体，熔点 176 ℃，蒸气压 17 mPa（25 ℃），密度 1.49 g/mL，溶解度水 230 mg/L（pH5，25 ℃），6 270 mg/L（pH7，25 ℃），己烷＜0.1 g/L、二甲苯 0.2 g/L、乙醇 0.9 g/L、甲醇 g/L、乙酸乙酯 2.6 g/L、乙腈 7.3 g/L、丙酮 11.9 g/L、二氯甲烷 27.5 g/L（25 ℃），55 ℃下稳定，中性介质中稳定。对人畜低毒，大鼠急性经口 $LD_{50}$＞5 000 mg/kg。兔急性经皮 $LD_{50}$＞2 000 mg/kg。对兔皮无刺激，对眼睛有中等刺激。对鸟、鱼和蜜蜂低毒。磺酰脲类选择内吸型土壤处理剂，亦有茎叶处理活性，乙酰乳酸合成酶（ALS 或 AHAS）抑制剂，常见剂型为 15％可湿性粉、75％水分散粒剂，主要用于小麦、大豆和玉米等作物田防除苘麻、龙葵、反枝苋、马齿苋、藜、田旋花、刺儿菜等一年生或多年生阔叶杂草，对禾本科杂草无效。该药对花生安全、土壤残留时间短，对后茬作物无药害。花生田推荐剂量为有效成分 1.2～1.8 g/亩。

## 五、花生田全生育期化学除草方案

实际生产中，对于禾本科、阔叶及莎草科等杂草混生的田块，常采用杀草谱互补的两种或三种除草剂复配，达到扩大杀草谱，提高防除效果的目的，具体采用哪种（或哪几种）药剂混配，还需根据田间杂草种类、耕作习惯、土壤类型、气候条件等情况采取最适除草剂组合。

土壤处理可使用扑草净（或乙氧氟草醚、噁草酮、噻吩磺隆）与乙草胺（或精异丙甲草胺、二甲戊灵）混配。乙氧氟草醚与乙草胺混配是花生田常见土壤混配组合，杀草谱广，活性高。扑草净与乙草胺混配成本低，杀草谱广，除草效果好。噁草酮与乙草胺混配成本较高，杀草谱更广，对打碗花、田旋花防效好。噻吩磺隆与乙草胺混配成本较低，亦可防除花生田常见禾本科、阔叶杂草。上述组合中，亦可用精异丙甲草胺代替乙草胺，其特点为活性更高，用药量更少，对花生更加安全，成本略高，避免了乙草胺残留超标引起的出口限制问题。

茎叶处理可以使用精喹禾灵（或高效氟吡甲禾灵、精吡氟禾草灵）与乙羧氟草醚（或氟磺胺草醚）。精喹禾灵与氟磺胺草醚复配是花生田常用的茎叶处理组合，其特点为杀草谱广，价格便宜，低湿高温易出现氟磺胺草醚引起的灼伤斑点，但不影响后续花生生长和产量。氟磺胺草醚具有土壤处理活性，在土壤中残留会对后茬作物产生药害。精喹禾灵与乳氟禾草灵复配，活性更高，药害较精喹・氟磺重，对田旋花、刺儿菜、鸭跖草防效更好，无土壤残留风险，对下茬作物安全。精喹禾灵和乙羧氟草醚复配，除草性能与精喹禾灵与氟磺胺草醚复配相当，用量较小，成本较低。对于香附子较多的田块，可以使用精喹禾灵、灭草松与甲咪唑烟酸三元混配进行茎叶喷洒。对于苘麻较多的田块，避免使用二苯醚类除草剂，推荐提高灭草松用量进行阔叶杂草的防除。另外，市面上可见涂布除草剂（如乙草胺、扑草净）的除草地膜，也可用于花生田除草，省略了膜下除草剂喷施，简化了农事操作。

## 第二节　农业防除技术

农业防除技术是指通过农事操作、栽培方式等手段营造不利于杂草萌发、生长、结种的田间环境，降低杂草发生、危害。农业防除是杂草绿色防控的重要组成部分，恰当的农业防除可有效降低化学除草剂的使用，是花生绿色生产的基础。农业防除技术主要有以下几种。

### 一、深翻土壤

深翻土壤可将土壤表层中的种子翻入 20 cm 土层下，可有效减少大部分农田杂草种子萌发、出芽，而且深翻整地可以营造良好的苗床环境，破碎田间大土块，利于土壤处理除草剂均匀分散，充分发挥作用。例如，大豆田不同耕作方式可显著影响杂草出苗，药剂为乙草胺与嗪草酮混配，春耙后施药防效最差，仅为 44.3%～87.6%，田间杂草基数>100 株/$m^2$。深松后施药，对稗草、反枝苋、藜、苍耳、香薷、苘麻等防除效果较佳，防效为 79%～98%；但对大蓟、苣荬菜、问荆等深根性杂草无效，防除效果为 47.4%～76.4%。深翻后施药，杂草防效进一步提高，对稗草、反枝苋、藜、苍耳、大蓟、苣荬菜、香薷、苘麻的防效为 85.3%～100%；对深根性杂草刺儿菜、苣荬菜的防效为

57.5%～38.2%，对问荆防除效果较差，但问荆田间基数已显著降低至2.7～4.2株/$m^2$。

## 二、合理轮作倒茬

作物轮作可改变杂草群落，降低田间杂草种群密度。有研究表明，玉米-小麦或大豆-小麦轮作2年后，杂草种子库密度分别比稻麦轮作降低27.16%、44.44%。在水稻小麦轮作方式下，种子库中主要杂草为陌上菜、异型莎草、水苋菜、千金子等。小麦-玉米轮作使种子库中马唐、碎米莎草、飘拂草的相对优势显著上升，鸭舌草、水苋菜的相对优势显著下降。而在大豆-小麦轮作方式下，种子库中通泉草、马唐、鳢肠、飘拂草的相对优势度显著上升。小麦-玉米轮作种子库的物种多样性指数高于大豆-小麦轮作和水稻-小麦轮作，小麦-玉米与大豆-小麦轮作种子库的物种组成相似性较高。作物轮作影响杂草种子库密度和种类组成的机制，可能在于通过轮换种植不同的作物，提供了多样化的选择，限制了某些对单一种植系统有着良好适应性的杂草种类的生长。对于部分在花生田难以防除的恶性杂草，可以利用轮作换茬的方式在倒茬作物期选用合适的除草剂对其防除，有效降低恶性杂草数量，合理轮作倒茬扩大了除草剂选择的范围，降低了某一种或几种除草剂连续施用的强度，一定程度上延缓了杂草抗药效的发生及恶性杂草群落上升成为优势杂草，延长了除草剂的使用寿命。

## 三、地膜覆盖

覆盖地膜是我国北方花生重要的栽培手段，黑色地膜可有效降低膜下杂草发生，透明地膜虽不能降低杂草萌发、出芽，但仍可对膜下杂草生长有一定的抑制。有研究表明，乙草胺土壤处理后，覆盖透明膜，杂草综合防效为93.6%～94.4%，而覆盖黑膜，杂草综合防效可达100%。

### 四、田间秸秆覆盖

可以将作物秸秆、麦糠或是以抑制杂草生长为目的专门种植的植物残体等覆盖于花生田，这些秸秆或植物残体覆盖于土表，因物理屏障作用或某些化感作用（如植物秸秆分解产生的有机酸可抑制植物萌发、生长）抑制杂草出苗及生长。在实际操作中，秸秆覆盖多用于果园、免耕高秆作物田。例如，入冬之前播种黑麦草，在玉米播种前收割黑麦草并将残体覆盖于行间，只在玉米行内定向施用除草剂，行间靠覆盖作物控制杂草，辅以中耕除草，这样可有效降低土壤处理除草剂和茎叶处理除草剂用量，且玉米不减产。亦以利用上茬作物秸秆作为覆盖物，例如小麦-玉米轮作的农田，在免耕种植玉米时将小麦秸秆作为覆盖物，覆盖量为4 500～7 500 $kg/hm^2$ 时，玉米田杂草密度比不覆盖处理降低46.1%～96.1%，在行内定向喷施苗后茎叶处理除草剂烟嘧磺隆和莠去津，用量比常规施药量降低25%，杂草防效仍达91.8%～94.3%。在花生田亦可采用此种方式，尤其是覆膜起垄花生田，可以在垄间覆盖作物秸秆，膜下按常规操作喷施土壤处理除草剂，降低了膜外除草的难度。除此之外，秸秆覆盖还能利于田间保水，利于花生生长。

## 第三节　物理防除技术

物理防除指通过物理的方式对杂草进行消除，包括人工拔除、机械中耕、热除草等方式。其中，人工拔除、机械中耕曾是我国农田杂草防除的基本方法。

## 一、机械中耕

利用机械进行中耕除草，劳动强度低、效率高、成本低，不但可以防除已出土的杂草，还可一定程度抑制中耕土层下杂草萌发。与化学除草相比，中耕除草不但可以避免土壤污染，还可以改善土壤结构，增强土壤通透性，增加土壤中的微生物，利于根系发育和根瘤菌活动，利于花生生长。中耕可以切断土壤中的毛细管，减少土壤下层水分蒸发，达到保墒防旱的目的。但是，中耕除草无法对株间杂草进行有效防除。中耕除草常用机械有自带动力的小型微耕机、与拖拉机配套的牵引式中耕机或是中耕施肥一体机。中耕除草由于是机械进田，需要注意机具作业宽度要与花生播种行宽匹配，确保在作业过程中不损伤秧苗。

## 二、热除草

热除草是指通过迅速加热植物引起植物损伤的技术。加热植物叶片到 70 ℃足够损害它的蛋白质，加热到 100 ℃以上时则可破坏几乎所有的细胞结构。这种作用可有效控制杂草幼苗，重复操作甚至可以杀死成株。加热时长、杂草叶龄、杂草种类均可影响热除草的效果。新生叶片能在 0.1 s 内加热至 70 ℃被防除，而对肉质、多毛的叶片和匍匐类杂草需要延长加热时间。热除草在杂草生长的早期（2～4 叶期）效果较好，杂草小时容易控制，如果在花期处理，那将需要很多时间和能量。禾本科杂草承受的温度通常比阔叶杂草稍高，多数多年生杂草比一年生杂草更耐热。常用的热除草技术有火焰除草、激光除草、蒸汽除草、泡沫除草、红外辐射除草。

**1. 火焰除草**　火焰除草指通过燃烧可燃气体燃烧产生高

温火焰，利用高温将杂草快速升温导致杂草烫伤，同时使其快速失水，从而抑制杂草生长或直接导致杂草死亡，而非完全烧毁杂草。根据使用场景的不同，需适配不同的燃烧器。如圆形燃烧器产生长窄火焰，可用于具有选择性的热敏感作物的行内定向除草，作业精度要求高；带有宽喷嘴的平燃烧器生成短宽火焰，适合播种前灭茬除草或是苗前除草。在确定了燃烧器的情况下，工作温度可通过改变喷射压力和行驶速度来控制。气体压力不影响最高温度，最高温度只与燃烧器的设计和燃烧效率有关。但高温区扩大能有效地增加火焰处理的作用时间，提高有效行驶速度。杂草叶龄对火焰除草效果影响较大，需尽量选择在杂草较小叶龄时进行处理。例如，使用液化石油气（LPG）火焰防除果园杂草时，LPG 用量在 52.5～87.5 $kg/hm^2$ 下，对 6 叶期杂草株防效为 80.6%～96.1%，但对 10 叶期以后的杂草株防效降至41.5%～79.4%。提高 LPG 使用量，可提高杂草防效。火焰除草作为一种较为特殊的物理除草方式，使用成本较高，目前在我国应用较少，是国外有机农产品生产常用除草方法，此种除草方法也可用于有机花生生产。

**2. 激光除草** 激光除草指利用激光束对农田地表杂草进行精准杀灭的技术。激光除草作为新型的除草方式，具有环保、高效、灵活等优势，激光除草与机器视觉、自动化等技术结合，为农业智能除草提供了新思路。生物体对激光的不同波长有选择吸收的特性，用合适波长的激光照射时可使生物组织有较强的吸收，促使其发生某种光化反应。激光除草的原理为：强激光束照射到杂草后，被叶绿素吸收，产生高能激发态，通过共振能量传导的方式将能量传递至周围分子，使细胞内部温度迅速升高，进而引起细胞热损伤，最终导致细胞蛋白质变性和细胞壁破裂，使杂草死亡。除草流程为：除草装置通过摄像头或传感器识别杂草形态，然后通过定位系统进行定位跟踪，最后定向发射激光束照射杂草。例如，使用650 W、10.6 μm的$N_2-CO_2-He$激光器，相干辐射0.25 s、束宽0.33 m时，即可导致水下水生杂草基础代谢过程中断而死亡，水生风信子属和莲子草等杂草辐射后几乎立刻枯萎。但是，目前激光除草技术尚不成熟，存在试验装置要求高、图像识别难度大、田间环境不利于精密装置工作等问题。

**3. 蒸汽除草**　蒸汽除草指利用水蒸气作为热源将杂草快速升温以致烫伤防除，是火焰除草方法的替代技术。由于火焰除草和蒸气除草的介质热力学性质不同，因此，灭杂草的设备和技术也有很大的不同。在火焰除草技术中，1 kg燃烧产物产生的热量（在400～800 ℃下获得，产生400～800 kJ）可以以250～600 kJ的量转移到环境中，包括植物、土壤和提高温度的设备等。空气将热能传递给植物的速度非常慢。在不会被水蒸气饱和的高温介质中，突然加热会使植物水分快速蒸发，并在这个过程中抵抗过热。所以，如果需要使植物组织温度突然升高至58 ℃以上，需要持续数秒的热暴露。1 kg湿水蒸气向环境释放2 250 kJ热能，是火焰除草技术中1 kg气体的3.7～11倍。潮湿的介质可以防止植物水分蒸发，从而抑制了植物组织的温度的散失。水汽加热环境的效率是气体的约2 000倍，蒸汽介质还具有向较冷的植物和土壤表面流动的特性。蒸汽的这些特性都会使植物组织的温度突然升高，并且持续1～2 s，对植物造成较大伤害。1次热蒸汽处理能杀死大多数一年生杂草和早期的多年生杂草，1次或2次处理可以杀死成熟的多年生杂草的地上部分，但对根部的影响较小。热蒸汽设备经适当调节后还可用于虫害的控制。

# 第四节　生物防除技术

生物防除技术是指利用植物天敌昆虫、致病生物（真菌、细菌及病毒等）、化感作用等方式控制杂草的防除方法。主要有以下几种：

## 一、天敌昆虫防除

利用莲草直胸跳甲防除空心莲子草是天敌昆虫防除杂草的成功案例。空心莲子草原产于南美洲，以根茎繁殖，抗逆性强，生长快，生物量大，根茎再生性强，20 世纪 30 年代传入我国，在 50 年代作为饲料引种扩散，后逐渐侵入农田，对多种选择性除草剂具有天然耐药性，成为农田恶性杂草。20 世纪 60 年代，美国从阿根廷引入莲草直胸跳甲防除空心莲子草获得成功，随后推广至新西兰、澳大利亚等国。我国也于 1986 年从美国引进该天敌昆虫，经研究后在湖南等地释放，释放当年即获得了理想的控草效果。此天敌昆虫在五岭以北地区难以自然越冬，冬季需人工越冬保护。因该昆虫无休眠习性，在冬季需要取食。10 月上中旬，在室外盆栽空心莲子草，初冬气温下降时转入温室内，当气温降至 12 ℃时开始加温，室内温度用控温仪调控在 15～20 ℃。在塑料大棚内，只要保持上述温度范围亦可越冬繁殖。翌年 4 月当气温稳定在 12 ℃以上时，将莲草直胸跳甲移出室外集中繁殖。5 月初，空心莲子草已处在旺盛生长期，此时开始释放莲草直胸跳甲，以每公顷释放 3 000 头成虫即可。除草效果取决于放虫时期和数量，如虫源充足，又能提早在 4 月下旬释放，则除草效果更佳。在湖南气候条件下，适于空心莲子草繁育的时期是 4 月下旬至 7 月上旬、8 月下旬至 11 月上中旬，在上述时期内莲草直胸跳甲能繁殖7～8代。在自然条件下，莲草直胸跳甲成虫数量增长有3个明显高峰期，即7月中下旬、8月下旬和11月上中旬，其中，以7月中下旬和11月上中旬最为明显。以长沙地区为例，进入7月以后气温逐渐升高，高温期平均在34℃以上，最高温可达到38～40℃，持续高温要延续至8月下旬。这一时期对莲草直胸跳甲的发育极为不利，大量成虫死亡，幼虫出现滞育现象。由于莲草直胸跳甲数量锐减，空心莲子草生长重新得到恢复。8月下旬气温一般在25～36℃，莲草直胸跳甲开始繁殖；9—10月气温一般在17～26℃，是莲草直胸跳甲繁殖的盛期，成虫呈波浪式向四周扩散。莲草直胸跳甲成虫和幼虫取食叶片，在食光叶片后成虫迁飞转移。幼虫啃食茎秆，大龄幼虫蛀孔于茎秆内化蛹，由于叶片被食光，茎秆蛀空折断，地下及水面以下部分得不到营养而逐渐腐烂。试验表明，如在同一地点连续释放2～3年，草害基本得以控制。莲草直胸跳甲叶甲成虫扩散能力较强。在释放中心当叶片被食光后，成虫向四周辐射状转移，其范围可达5 km。仅1988—1994年，在湖南的长沙、常德、岳阳释放空心莲子草叶甲约3.6万/$hm^2$，控草效果极为理想。

## 二、致病微生物防除

与利用天敌昆虫防除杂草相比，利用致病微生物（以真菌为主）防除杂草应用更为广泛。通常将此类微生物开发成微生物除草剂进行田间应用。杂草生物防治微生物多采自自然界，具有毒性低、环境友好、持效期长等优点。国外微生物除草剂的开发始于20世纪60年代，于80年代逐步登记上市应用。例如，利用棕疫霉防治柑橘园莫伦藤（*Morrenia odorata*），利用盘长孢状刺盘孢合萌专化型（*Colletotrichum gloeosporioides*

f. sp. *aeschynomene*）防除水稻田、大豆田豆科杂草，利用盘长孢状刺盘孢锦葵专化型（*Colletotrichum gloeosporioides* f. sp. *malvae*）干粉剂防治圆叶锦葵（*Malva pusilla*）、苘麻（*Abutilon theophrasti*）等杂草。我国微生物除草剂研究开发起步较早，于20世纪60年代开发出以胶孢炭疽菌（*C. gloeosporioides*）生物防治菌为主的“鲁保一号”生物菌剂，用来防除大豆田菟丝子。具体用法为每亩大豆田用0.75～1 kg菌粉，浸泡去渣后兑水100 kg，在大豆田菟丝子发生初期喷施，连续喷施2次，防效可达70%～90%。随后，相继开发出多种生防菌剂，如利用画眉草弯孢霉（*Curvularia eragrostidis*）和厚垣孢镰刀菌（*Fusarium chlamydosporum*）防除马唐（*Digitaria sanguinalis*），利用新月弯孢霉（*C. lunata*）、禾长蠕孢菌（*Helminthosporium gramineum*）和露湿漆斑菌（*Myrothecium roridum*）防除稗草，利用胶孢炭疽菌婆婆纳专化型（*C. gloeosporioides* Penz. f. sp. *veronica*）防除波斯婆婆纳，利用齐整小核菌（*Sclerotium rolfsii*）防除加拿大一枝黄花。目前，已筛选到40个属80多种真菌具有开发成生防菌剂的潜力，主要包括链格孢菌属、镰孢菌属、尾孢霉属、盘孢菌属、疫霉属等。针对空心莲子草，我国学者亦分离获得了对该草有抑制作用的假隔链格孢菌SF-193菌株和链格孢菌J-14菌株，该致病菌可侵染叶片及茎秆，引起空心莲子草叶片黄化脱落。高浓度菌丝体和分生孢子致病效果良好，SF-193菌株田间释放防效优于氯氟吡氧乙酸。这可为南方花生产区空心莲子草的防除提供参考。空心莲子草作为我国南方花生产区恶性杂草，由于缺少有效的除草剂，严重影响花生生产。生物防除可成为解决这一问题的有效方案。

# 第五节　遗传修饰育种技术

遗传修饰育种是指利用分子生物学的方法和技术，对作物遗传物质进行修饰、改造，赋予作物新的性状，常用的技术有转基因育种和基因编辑育种。

## 一、转基因育种

转基因育种是将来源于其他物种的优良性状基因导入受体作物，赋予受体作物新性状或优化性状的方法，耐除草剂性状一直是转基因育种的主要性状。耐除草剂转基因作物的研发、推广始于美国。1983 年，美国孟山都公司分离到耐受草甘膦的土壤农杆菌菌株 CP4，该菌株对草甘膦不敏感，随后，将该抗性基因转入大豆 A5403 中，培育出耐草甘膦转基因大豆 GTS40－3－3 品种。后经美国食品与药品管理局批准，于 1994 年在美国种植，到 1996 年，种植面积迅速扩大至阿根廷、加拿大、墨西哥、乌拉圭等国家。后经与其他品种杂交，培育出具有高产、广适等优良性状的新品系 MON89788，于 2007 年被美国、菲律宾和加拿大批准种植，允许作为食品或饲料直接食用或加工。2008 年，获得农业部颁发的进口安全证书，仅可用于原料加工。目前，除我国以外，澳大利亚、哥伦比亚、新西兰等 22 个国家或地区批准该转基因大豆品系用于食品和饲料中。耐草甘膦作物增产、节本、增效优势明显，经济、社会和生态效益显著。据 ISAAA 和美国农业科学与技术理事会核算，常规大豆除草通常使用 3～5 次除草剂，耐草甘膦大豆使用 1～2 次草甘膦即可有效控制杂草危害，除草成本减少 56％。1996—2019 年，美国、巴西、阿根廷和加拿大仅种植 MON89788 转基因大豆的衍生品种增收即可达

173.79 亿美元。

由于耐草甘膦作物的大面积种植，增加了少耕免耕的面积，在很大程度上改变了农业种植模式。截至 2019 年，全球单一耐除草剂作物种植面积 8 150 万 $hm^2$，耐除草剂、抗虫复合性状转基因作物 8 510 万 $hm^2$，两者占转基因作物推广面积的 88%。商业化的耐除草剂基因主要有 5－烯醇丙酮酰莽草酸－3－磷酸合成酶基因 *epsps*、草甘膦－N－乙酰转移酶基因 *gat*、草甘膦氧化还原酶基因、草铵膦乙酰转移酶基因 *pat* 和 *bar*，乙酰乳酸合成酶基因 *als* 等。目前，大豆、玉米、棉花、油菜是几种大面积种植的主要耐除草剂转基因作物，分别占转基因作物的 48.2%、32%、13.5%和 5.3%。花生转基因育种工作自 20 世纪 90 年代，转基因性状多为耐盐、耐旱、高油等抗逆、品质性状。但目前为止，花生遗传转化体系尚不成熟，主要存在四倍体栽培种花生基因组复杂、转化效率低、基因型差异显著、嵌合体多等障碍。翟琼等（2022）建立了一套改良的花生遗传转化体系，利用农杆菌注射法，选择花生第 2 茎节的切面注射，筛选阳性苗后进行移栽和回土，采摘注射点以上的荚果进行后续鉴定与分析。该方法可获得 40%以上的 T0 代嵌合体植株，约 5 个月可收获 T0 代花生种子，其中约有 9%的 T1 代花生植株为非嵌合体的杂合体。

## 二、基因编辑育种

基因编辑育种是指对靶标基因进行定点修饰，实现对目标基因片段的敲除、插入和替换等修饰。与转基因育种不同，基因编辑育种不需要导入外源物种基因，只是对自身基因进行定向改造，该技术颠覆了农作物传统育种模式，可实现作物性状的精准改良。耐药性原理主要以靶标酶特定氨基酸突变导致酶与除草剂结合力降低，从而降低靶标酶对除草剂的敏感性，进而产生耐药性。基因编辑技术先后经历了三代发展，分别以锌指核酸酶（zinc finger nucleases，ZFNs）、类转录激活因子效应物核酸酶（transcription - like activator effector nucleases，TALENs）和 CRISPR/Cas（clustered regularly interspaced short palindromic repeats/ CRISPR associated nuclease）技术为代表。

锌指核酸酶技术（ZFNs）的开发始自 1984 年锌指蛋白的发现，锌指蛋白经改造后与核酸内切酶连接，开发成功第一代基因编辑工具。该编辑工具有两部分组成，一部分是重复的锌指蛋白（zinc finger protein，ZFN），其功能为识别、结合特定的基因序列；另一部分是 Fok1 核酸内切酶，可以通过二聚体化特异性地切割目的基因，并且可以切割真核基因组的任何识别序列。DNA 识别域是由一系列 Cys2 - His2 锌指蛋白（Zinc - fingers）串联组成（一般 3～4 个），每个锌指蛋白识别并结合一个特异的三联体碱基。多个锌指蛋白串联起来形成一个锌指蛋白组，据此识别一段特异的碱基序列，因此，可以设计特异性的锌指核酸酶。与锌指蛋白组相连的非特异性核酸内切酶来自 FokI 的 C 端的 96 个氨基酸残基组成的 DNA 剪切域。FokI 是来自海床黄杆菌的一种限制性内切酶，只在二聚体状态时才有酶切活性，每个 Fok I 单体与一个锌指蛋白组相连构成一个 ZFN，识别特定的位点，当两个识别位点相距恰当的距离时（6～8 bp），两个单体 ZFN 相互作用产生酶切功能。最后，诱发同源介导修复，实现定点编辑。其缺点为：ZFNs 合成时间长，非模块化组装，操作复杂，可能无法为某些基因组基因座设计合适的 ZFN 对，且锌指中各个锌指蛋白（ZFN）可以相互作用，影响识别和结合特定核苷酸序列，且 ZFNs 具有一定的细胞毒性。

TALENs 技术与 ZFNs 技术类似，亦有两部分组成：一部分是一类转录因子效应物（Transcription activator - like effector，TALE），该效应物的DNA结合域是由可以识别单个核苷酸碱基的氨基酸序列模块串联而成的，氨基酸序列与其靶位点的核酸序列有恒定的对应关系。利用TALE的序列模块，可组装成特异结合任意DNA序列的模块化组合蛋白，从而达到识别内源性基因的目的。另一部分是Fok I核酸内切酶。FokI形成二聚体，发挥内切酶活性，于两个靶位点之间打断目标基因，诱发DNA损伤修复机制。由于在此修复过程中总是有一定的错误率存在，在修复中发生错误的个体即形成目标基因敲除突变体。TALENs技术于2012年逐渐成熟并开始应用。与ZFNs相比，TALENs能够靶向任何DNA序列，可以在没有同源修复和非同源重组系统的细胞中进行操作。

CRISPR/Cas是近年来备受关注的革命性技术，ZFNs与TALENs系统对靶序列的定位基于蛋白附着，但CRISPR/Cas系统对靶序列的定位依靠短RNA序列，这使得CRISPR/Cas技术操作方便，效率、精确度更高，脱靶率更低。其技术原理源自原核生物（多数细菌和所有古生菌）的一种获得性免疫系统，主要由CRISPR序列和Cas蛋白组成。CRISPR序列是一个广泛存在于细菌和古生菌基因组中的DNA重复序列家族，由众多短而保守的重复序列区（Repeats）和间隔区（Spacers）组成，Repeats含有回文序列，可以形成发卡结构，Spacers是被细菌捕获的外源DNA序列（图3-1）。而在上游的前导区（Leader）被认为是CRISPR序列的启动子。另外，在上游还有一个多态性的家族基因*Cas*，该基因编码的蛋白均可与CRISPR序列区域共同发生作用。*Cas*基因与CRISPR序列共同进化，形成了在细菌中高度保守的CRISPR/Cas系统。当外源DNA再次入侵时，CRISPR/Cas系统会对其进行切割。Cas蛋白有多种类型，包括Ⅱ型、Ⅴ型和Ⅵ型。大多数Ⅱ型的Cas9变体和Ⅴ型的Cas12变体均具有RNA引导的DNA核酸内切酶活性，而Ⅵ型的Cas13变体则表现出靶向RNA的切割活性。CRISPR－Cas9、CRISPR－Cas12是目前研究最深、应用最广、效率最高的基因组编辑工具之一。目标DNA被切割后，诱发生物体DNA损伤修复，包括非同源末端连接（non－homologous end joining，NHEJ）或同源重组修复（homology－directed repair，HDR）。例如，Wang等利用CRISPR－Cas9系统，以于NHEJ修复方式将水稻ALS基因1 882位的G突变为T，导致628位氨基酸由甘氨酸Gly突变为色氨酸Trp，使水稻产生了对甲咪唑烟酸的抗性。

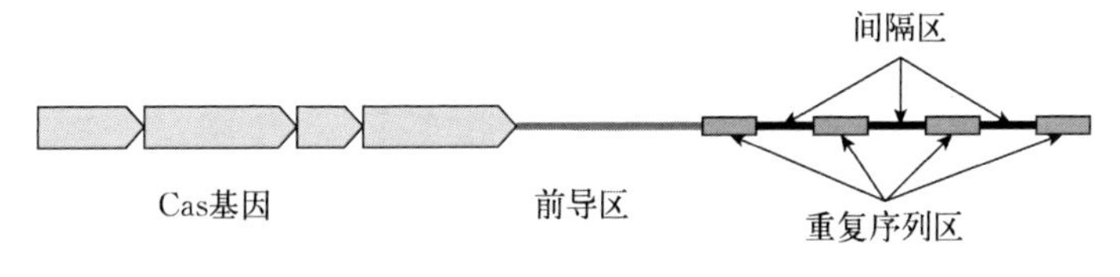


图3－1　CRISPR序列

将nCas9或dCas9蛋白与相应的脱氨酶融合，开发出了各种编辑器，在不产生DNA双链断裂的情况下实现精确的定点突变。例如，胞嘧啶碱基编辑器（cytosine base editors，CBE），产生C·G→T·A碱基对的转换；腺嘌呤碱基编辑器（adenine base editors，ABE），产生A·T→G·C的转换；糖基化酶碱基编辑器（glycosylase base editor，GBE），产生C→A、C→G等。例如，张新友院士团队利用CBE系统对花生*ALS*基因进行编辑获得了对苯磺隆抗性的花生。栽培种花生为异源四倍体，共有4个拷贝的*ALS*基因，该研究对花生*AhALS2－A*和*AhALS2－B*基因Pro197位点进行编辑，获得了19个突变株系，其中包含

P197S、P197F、P197 N 等突变，总体编辑效率约 3.5%，未发现脱靶现象。在花生 4～6 叶期用田间推荐工作浓度的苯磺隆除草剂分别喷施野生型花生、基因编辑的 T1 代花生，野生型花生于施药后第 8 天出现药害，15 d 后彻底死亡，而碱基编辑花生生长不受影响。融合了突变 *AhALS2 - A* 和 *AhALS2 - B* 基因的 T2 代花生可在 6 倍田间剂量浓度的苯磺隆处理下正常生长。虽然 CRISPR - Cas9 系统操作相对简便、编辑效率高，但仍有一定局限性，主要为 PAM 位点的限制，Cas9 识别的 PAM 是序列为 NGG，但是多数可引起除草剂抗性的突变位点后没有合适的 PAM，因此，就需要开发一些设计或进化了具有较少 PAM 限制性的 Cas9 变体，拓宽全基因组编辑的范围。

# 第四章 花生田除草剂药害及缓解技术

## 第一节 除草剂药害

使用除草剂进行化学防除是我国花生田最主要的除草方式，但是除草剂的使用也带来了一些负面影响，其中之一就是除草剂药害问题。除草剂导致的花生药害成因多样，包括除草剂本身特性、使用技术不规范、气候条件不适宜等因素。药害问题始终伴随着除草剂应用，严重影响花生安全、高效生产。

### 一、除草剂药害的种类

药害大致可分为当季药害、漂移药害和残留药害。当季药害在花生田最为常见。例如，乙草胺药害，症状表现为主根短、次生根少、植株矮化、叶片深绿；扑草净药害，症状表现为嫩叶褪色、失绿；丙炔氟草胺药害，症状表现为植株矮化、新叶深绿、老叶干枯，影响花生出苗及后期生长；乙氧氟草醚药害，症状表现为叶片灼伤斑；原卟啉原氧化酶抑制剂类除草剂茎叶处理药害（包括氟磺胺草醚、乙羧氟草醚、乳氟禾草灵），症状表现为老叶片出现灼伤斑，受害严重可至水渍状枯死，但基本不影响新生叶片生长，后期生长基本可恢复；甲咪唑烟酸药害，症状表现为植株矮化、黄化，但基本不影响后期产量。漂移药害是指药液雾滴随风漂移致邻近敏感作物受害，部分易挥发药剂（多为激素类除草剂）挥发后也可导致严重的药害。如玉米田激素类除草剂氯氟吡氧乙酸漂移可导致花生顶端弯曲，生长受到严重抑制，生长难以恢复；利用无人机喷施玉米田除草剂烟嘧·莠去津·硝磺草酮造成漂移引起邻近花生叶片黄化甚至枯萎。残留药害是指在上茬作物期间施药，残留在土壤中的除草剂对花生产生伤害的现象。这些除草剂多数在土壤中分解速度慢，持效期长。例如，在小麦茬喷施苯磺隆，间隔期需超过 90 d 方能播种花生，间隔期过短容易引起花生药害，表现为叶片发黄，植株矮化，生长受到抑制；播种前利用草甘膦进行灭茬处理，如过早播种花生亦会引起花生药害，因此建议草甘膦灭茬施药 2 周后再播种花生（图 4－1～图 4－5 和彩图 43～彩图 47）。

图 4－1　丙炔氟草胺药害表现

图 4－2　精异丙甲草胺药害表现

图 4－3　氯氟吡氧乙酸药害表现

图 4－4　乙羧氟草醚药害表现

图 4－5　烟嘧・莠去津・硝磺草酮药害表现

## 二、除草剂药害发生的原因

导致花生田除草剂药害产生的因素通常有以下几点：一是除草剂本身特性，例如，乙羧氟草醚田间施用剂量应控制在有效成分 3～4 g，剂量过小，杂草易复活，剂量过大易导致花生药害；乙草胺、精异丙甲草胺为常用的花生田土壤处理剂，两者相比，乙草胺对花生安全性显著低于精异丙甲草胺，但乙草胺活性高、价格便宜，因此在有些产区乙草胺依然是花生田土壤处理的首选药剂。二是环境条件影响，包括低温、高温、降水等气候条件和土壤质地、类型等土壤条件，例如，在有机质含量低的沙壤土田块，应降低扑草净，避免药剂淋溶导致药害发生；在高温干燥气候条件下喷施乙羧氟草醚、氟磺胺草醚易引起花生在基部叶片出现灼烧斑；乙草胺在低温潮湿环境下易导致花生药害；降雨、积水容易导致丙炔氟草胺、乙氧氟草醚等原卟啉原氧化酶抑制剂类除草剂产生药害。三是施药技术不规范，主要有除草剂的误用、过量使用、任意混用，喷雾助剂的不科学使用，施药器械性能差，施药时重喷、漏喷导致的施药不均匀。例如，有机硅助剂的添加量不宜超过 0.1%，过量施用容易加重部分除草剂（如氟磺胺草醚、乙羧氟草醚）的药害。四是对田块的用药历史不了解，随着大面积的土地流转，土地承包经营者由于对承包土地的用药历史不了解，常常由于上茬使用长残效除草剂而造成残留药害，例如，小麦茬施用苯磺隆后导致后茬花生药害。

## 三、除草剂药害的调查分级

除草剂药害的调查分级可根据不同类型除草剂导致的症状特点选择合适的评级标准。花生田除草剂药害表现症状大致可分为两类，一是系统性生长抑制类药害，如出苗抑制、植株矮化、茎叶卷曲、叶片黄化等，此类药害可以用出苗率、植株高度、植株鲜重等指标受害程度；二是触杀型药害，如叶片灼烧、黄化、枯叶等，可以用枯叶（或黄化、灼烧）面积占叶片总面积的百分比来反映其药害程度。

江荣昌（1987）按照以上分类标准制定了相关药害的评级方法，将各药害分为0～Ⅳ级，根据表4-1进行评价，然后计算药害指数。

**表4-1　除草剂药害分级标准**

| 药害分级 | 生长抑制型 | 触杀型 |
| --- | --- | --- |
| 0 | 作物生长正常 | 作物生长正常 |
| Ⅰ | 生长受抑制（不旺、停滞） | 叶片1/4枯黄 |
| Ⅱ | 心叶轻度畸形，植株矮化 | 叶片1/2枯黄 |
| Ⅲ | 心叶严重畸形，植株严重矮化 | 叶片3/4枯黄 |
| Ⅳ | 全株死亡 | 叶片3/4枯黄至死亡 |

注：药害指数 $=\sum$(各级级数×株数)/调查总株数×最高级数×100。

在进行田间作业或除草剂田间药效试验时，生长抑制类与触杀型药害在表现上可能无法严格区分，亦可根据GB/T 17980.126—2004进行相应描述、记录：①若受害症状可以技术测量时，则应用绝对值表示，如花生的株高、分枝数等。②在有些情况下，估算损害程度和频率，可用下述两种方法之一：一是参照一个标准级别，给每个小区（或地块）比较打分。二是将每个小区（或地块）与对照作物比较，进行药害相对百分率估算。对作物受害后的症状，如抑制生长、褪绿、斑点、矮化、畸形等准确描述，供药害评价参考。调查评价花生药害，也应考虑药剂与其他因素的相互作用，如春播花生遇寒流冻害，夏播花生遇高温、干旱或降雨量过大造成叶片黄化，以及栽培因素、病虫害影响等。

## 第二节　药害的科学防范及补救措施

### 一、科学防范措施

虽然导致除草剂药害产生的因素有多种，但主要还是由于对各种除草剂性能、特点不了解，使用技术不规范造成的。虽然有些除草剂药害有时无法完全避免，但是充分了解各种除草剂本身特性、科学的施药技术会很大程度上避免药害发生或是降低药害造成的产量损失。

在使用除草剂前应细致地阅读产品标签，明确除草剂的使用范围、防除对象、用药量、施药方式及用药注意事项。

施药前应关注近期天气预报，施药尽量避开恶劣的气候条件。温度对除草剂防效及安全性有较大影响，通常温度越高，药剂对杂草防效越好，但过高的温度也可降低部分除草剂对花生的安全性。温度过低，花生对部分除草剂的解毒能力降低，亦会导致药害产生。因此，根据药剂种类，避免在气温过低或过高的情况下施药。施药时尽量不与其他除草、杀虫、杀菌剂混用，有风时尽量不要施药，若施药则应注意邻近作物种类及风向，同时压低喷头喷雾。施药时应计算好使用量及喷液量，采用二次稀释的方法将除草剂搅拌均匀，使用标准的喷雾器械避免器械滴漏、漏喷、重喷。除草剂混用时要做到混配均匀。施用除草剂后，应彻底清洗喷雾器。

### 二、补救措施

一旦产生除草剂药害，首先要分辨药害的类型，分析产生药害的原因，估测药害的严重程度，采取相应对策。如果花生所受药害较轻，仅仅叶片产生暂时性、接触型药害斑，一般不必采取措施，植株很快就可恢复正常生长；如果受药害较重，叶片出现褪绿、皱缩、畸形，生长受到较明显抑制，就要采取补救措施；对于药害严重，生长持续严重受到抑制或生长点死亡甚至部分植株死亡，估计产量损失60%以上甚至绝产的地块，应考虑补种、补栽或毁种。补种时要明确药害类型，如果是残留药害，应更换作物。如果是当季药害或是漂移，需要评估药剂的残留影响，避免发生第二次药害。对于药害较轻的地块，可采取迅速施尿素或喷施叶面肥等速效肥料增加养分，促进花生生长，增强自身恢复能力；喷施植物生长调节剂赤霉素、芸薹素内酯等调节花生生长。

# 主要参考文献

柏祥，塔莉，赵美微，等.2016.外来入侵植物反枝苋的最新研究进展[J].作物杂志，173（4）：7-14.

陈世国，强胜，2015.生物除草剂研究与开发的现状及未来的发展趋势[J].中国生物防治学报，31（5）：770-779.

陈树人，栗移新，潘雷，2007.热除草技术现状和展望[J].安徽农业科学，35（33）：10695-10697.

陈媛媛.2021.龙葵种子萌发特性及愈伤组织诱导研究[D].长春：吉林农业大学.

董炜博，石延茂，孟爱芝，等.2001.山东省花生田杂草的发生及其化学防除[J].农药科学与管理（S1）：50-52.

杜浩，李宗锴，只佳增，等.2020.白花鬼针草种子萌发对不同湿度、pH、盐度和渗透势的响应[J].热带农业科学，40（5）：27-33.

方敏彦，章明，周猛.2020.结缕草属植物抗旱性评价[J].北方农业学报，48（6）：103-107.

高柱平，李孙荣.1989.夏花生田马唐的生态经济阈值、生态经济除草阈值模型的研究[J].植物保护学报，16（2）：139-143.

郭文磊，冯莉，田兴山，2019.火焰灭草技术在果园中的应用效果[J].杂草学报，37（2）：35.

郭文磊，张泰劼，张纯，等，2022.马唐种子萌发及幼苗建成对不同环境因子的响应[J].植物保护，48（2）：85-93.

江荣昌，1987.除草剂的药害[J].江苏杂草科学（1）：36-38.

蒋仁棠，谈文瑾，刘忠德，1994.山东省农田杂草的主要种类及区域分布[J].杂草科学（4）：15-16.

李宏科，李萌，李丹，2000. 空心莲子草及其生物防治［J］. 世界农业（2）：36.

李健，李美，高兴祥，等，2016. 微生物除草剂研究进展与展望［J］. 山东农业科学，48（10）：149－151.

李龙龙，马子晴，陈召霞，等，2023. 棉田杂草龙葵种子萌发对温度的生理响应［J］. 棉花学报，35（2）：138－145.

李儒海，褚世海，黄启超，等，2017. 湖北省花生主产区花生田杂草种类与群落特征［J］. 中国油料作物学报，39（1）：106－112.

李涛，袁国徽，钱振官，等，2018. 野燕麦种子萌发特性及化学防除药剂筛选［J］. 植物保护，44（3）：111－116.

李香菊，2023. 我国耐除草剂转基因作物研发与产业化应用前景［J］. 植物保护，49（5）：316－324.

李香菊，王贵启，李秉华，等，2003. 麦秸覆盖与除草剂相结合对免耕玉米田杂草的控制效果研究［J］. 华北农学报（S1）：99－102.

李欣勇，黄迎，金雪，等，2021. 碎米莎草种子休眠与萌发特性研究［J］. 热带作物学报，42（7）：2001－2007.

林冠伦，1985. 我国杂草生物防治的一些情况［J］. 生物防治通报（2）：51－52.

林伟，朱燕，2022. 地膜覆盖花生栽培技术［J］. 农业开发与装备（4）：174－176.

刘津，李婷，冼钰茵，等，2018. 转基因大豆 MON89788 双重数字 PCR 通用定量检测方法的建立［J］. 食品科学，39（4）：312－319.

刘金海，王琰，徐翠，等 2021. 低温与变温对纳罗克非洲狗尾草种子发芽特性的影响［J］. 种子，40（1）：23－27.

刘雨芳，苏文杰，增强国，等，2011. 空心莲子草叶甲对空心莲子草控制效果的定量评价［J］. 昆虫学报，54（11）：1305－1311.

马德彪，唐登勇，廖攀，等，2023. 一种基于单片机的激光除草装置［J］. 中国科技信息（22）：81－85.

裴莉昕，纪宝玉，陈随清，等，2018. 千金子种子的生物学特性研究［J］.

中医学报，33（4）：631-633.
亓晓光，程星，高爱旗，2012. 花生田杂草发生规律及综合防治技术 [J]. 现代农业科技，581（15）：113-114.
钱月霞，熊水平，2008. 花生地杂草种类调查及防除方法 [J]. 现代农业科技，490（20）：136，139.
曲明静，李红梅，库月明，等，2022. 青岛市花生田杂草种类及其发生规律 [J]. 花生学报，51（4）：96-102.
邵小明，吴文良，1999. 升马唐种子萌发和出苗特性的研究 [J]. 生态学杂志（3）：24-27.
孙继明，芮根华，徐优良，等，2003. 花生田杂草发生规律及防除适期研究 [J]. 安徽农业科学，31（1）：125-127.
孙思昂，邓梓妍，熊佳瑶，等，2022. 空心莲子草生物及生态防治研究进展 [J]. 南方农业，16（9）：164-167.
唐洪元，王学鹗，胡亚琴，1987. 上海农田杂草发生与消长研究——土壤湿度对农田主要杂草发生的影响 [J]. 上海交通大学学报（农业科学版）（3）：187-192.
万琪，叶耘伶，唐丽，等，2022. 不同温度条件下水分和盐分胁迫对画眉草种子萌发的影响 [J]. 草原与草坪，42（3）：154-159.
王慧敏，庞春花，赵彩莉，2011. 反枝苋群落的物种多样性研究 [J]. 山西师范大学学报（自然科学版），25（4）：69-73.
王睿文，李春峰，张存霞，2007. 河北省花生田杂草发生情况调查及防除技术建议 [J]. 中国植保导刊，162（5）：32-33，31.
王颖，王兰，马艳，等，2019. 环境因素对新疆不同地区田旋花种子萌发的影响 [J]. 新疆农业科学，56（5）：890-898.
王智，1985. 覆膜花生田杂草的为害及防治 [J]. 花生学报（4）：31-33.
魏守辉，强胜，马波，等，2005. 不同作物轮作制度对土壤杂草种子库特征的影响 [J]. 生态学杂志，24（4）：385-389.
吴旺旺，戈振扬，于英杰，等，2013. 激光除草技术在陆稻田间的应用研究 [J]. 农业工程（3）：5-7.

徐炜民，卞觉时，高锦凤，等，2001. 油菜后茬花生田杂草防除技术与应用［J］. 上海农业科技（6）：95－96，14.

徐秀娟，毕国金，崔凤高，等，1990. 山东省花生田杂草类群及其分布的调查研究［J］. 莱阳农学院学报（3）：200－203.

徐秀娟，毕国金，崔凤高，等，1991. 杂草对花生产量的影响［J］. 中国油料作物学报（1）：71－73.

许曼琳，迟玉成，王磊，等，2015. 不同耕作模式花生田杂草发生规律及对产量的影响［J］. 山东农业科学，47（3）：96－98.

虞瑞娟，2013. 研究杂草病虫发生对防治作物病虫草害的意义初探［J］. 上海农业科技（4）：124，140.

曾显光，魏宏德，赵更云，等 . 2001. 夏花生田杂草发生危害情况及防除配套技术［J］. 中国植保导刊（6）：21.

翟琼，陈容钦，梁晓华，等，2022. 一种花生快速遗传转化方法的建立与应用［J］. 植物学报，57（3）：327－339.

张宏军，赵长山，崔海兰，等，2022. 问荆的生物学特性的相关研究［J］. 杂草学报（4）：6－8，30.

张静燕，申昌优，张祖清，等，2015. 江西省花生田杂草调查初报［J］. 生物灾害科学，38（3）：234－238.

郑广进，杨彬丽，韦佩花，等，2020. 龙爪茅种子休眠解除方法研究［J］. 杂草学报，38（1）：31－34.

郑卉，何兴金，2011. 苋属 4 种外来有害杂草在中国的适生区预测［J］. 植物保护，37（2）：81－86，102.

钟静丽，林建香，周建奎，等，2024. 碱基编辑系统的研究进展［J］. 生物工程学报（5）：1271－1292.

周萍，刘新浩，2017. 淄博市花生田杂草发生种类及群落构成的研究［J］. 农业科技通讯，548（8）：205－207.

周顺启，于凤瑶，张代军，等，2003. 大豆不同耕作方法对化学除草效果的影响［J］. 大豆通报（6）：7.

朱家键，2009. 激光技术在农业中的应用及其展望［J］. 农机化研究，31

(4): 222-225.

DU L, LI X, CHEN J, et al, 2019. Density effect and economic threshold of purple nutsedge (*Cyperus rotundus* L.) in peanut (*Arachis hypogaea* L.) [J]. International Journal of Plant Production, 13 (4): 309-316.

KERPAUSKAS P, SIRVYDAS A P, LAZAUSKAS P, et al, 2006. Possibilities of weed control by water steam [J]. Agronomy Research (4): 221-225.

KNEZEVIC S Z, STEPANOVIC SDATTA A., 2017. Growth stage affects response of selected weed species to flaming [J]. Weed Technology, 28 (1): 233-242.

SNYDER E M, CURRAN W S, KARSTEN H D, et al, 2016. Assessment of an integrated weed management system in no-till soybean and corn [J]. Weed Management, 64 (4): 712-726.

WANG F, XU Y, LI W, et al, 2021. Creating a novel herbicide-tolerance OsALS allele using CRISPR/Cas9-mediated gene editing [J]. The Crop Journal, 9 (2): 305-312.

**图书在版编目（CIP）数据**

花生田杂草及其防除 / 曲明静等著. -- 北京 ：中国农业出版社，2024. 7. -- ISBN 978 - 7 - 109 - 32312 - 4

Ⅰ. S451

中国国家版本馆 CIP 数据核字第 2024AS9320 号

**花生田杂草及其防除**

**HUASHENGTIAN ZACAO JIQI FANGCHU**

---

中国农业出版社出版

地址：北京市朝阳区麦子店街 18 号楼

邮编：100125

责任编辑：廖　宁

版式设计：书雅文化　　责任校对：吴丽婷

印刷：中农印务有限公司

版次：2024 年 7 月第 1 版

印次：2024 年 7 月北京第 1 次印刷

发行：新华书店北京发行所

开本：880mm×1230mm　1/32

印张：4　　插页：8

字数：100 千字

定价：38.00 元

---

彩图1　马　唐

彩图2　牛筋草

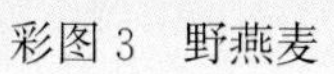

彩图3　野燕麦

彩图4　稗

彩图 5　画眉草

彩图 6　小画眉草

彩图 7　狗牙根

彩图 8　白　茅

彩图 9　雀　稗

彩图 10　狗尾草

彩图 11　龙爪茅

彩图 12　虎尾草

彩图 13　芦　苇

彩图 14　千金子

彩图 15　刺儿菜

彩图 16　蒲公英

彩图 17　苍　耳

彩图 18　苦　菜

彩图 19　艾　蒿

彩图 20　三叶鬼针草

彩图 21　鳢　肠

彩图 22　反枝苋

彩图 23　凹头苋

彩图 24　青　葙

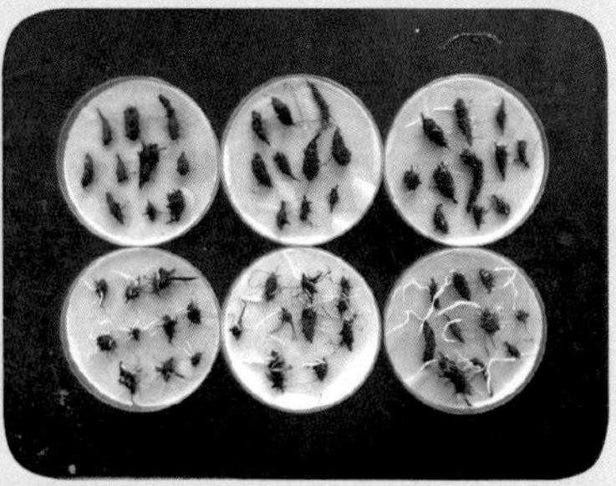

彩图 25　香附子

彩图 26　碎米莎草

彩图 27　具芒碎米莎草

彩图 28　龙　葵

彩图 29　荠　菜

彩图 30　铁苋菜

彩图 31　藜

彩图 32　马齿苋

彩图 33　附地菜

彩图 34　打碗花

彩图 35　萝　藦

彩图 36　蒺　藜

彩图 37　大车前

彩图 38　野西瓜苗

彩图 39　萹　蓄

彩图 40　田旋花

彩图 41　苘　麻

彩图 42　曼陀罗

彩图 43　丙炔氟草胺药害表现

彩图 44　精异丙甲草胺药害表现

彩图 45　氯氟吡氧乙酸药害表现

彩图 46　乙羧氟草醚药害表现

彩图 47　烟嘧·莠去津·硝磺草酮药害表现